L'OIDIUM VAINCU

PAR LA MÉTHODE PRÉVENTIVE

ET PROPRIÉTÉS NOUVELLES DU SOUFRE

COMME ENGRAIS OU STIMULANT DE VÉGÉTATION.

L'OÏDIUM VAINCU

PAR LA MÉTHODE PRÉVENTIVE

ET

PROPRIÉTÉS NOUVELLES DU SOUFRE

COMME ENGRAIS OU STIMULANT DE VÉGÉTATION

PAR

M. A. VIALLES.

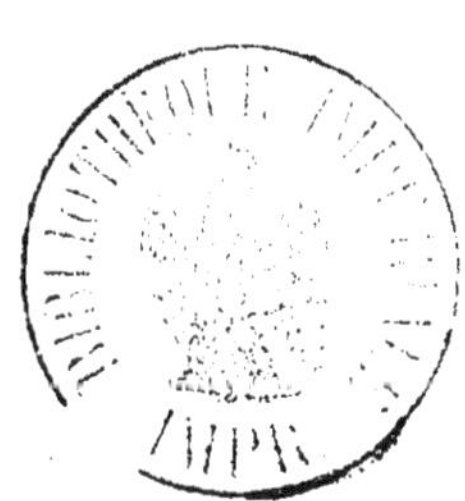

MARS 1860.

TOULOUSE
TYPOGRAPHIE DE BONNAL ET GIBRAC
RUE SAINT-ROME, 46

1860.

L'OÏDIUM VAINCU

PAR

LA MÉTHODE DE SOUFRAGE PRÉVENTIVE.

Ce titre paraît absolu et ambitieux au premier aspect; il n'est pourtant que l'expression la plus simple de l'exacte vérité. Depuis Kyle, en effet, depuis que le soufre a été reconnu comme l'antidote de l'oïdium, d'innombrables savants et agriculteurs praticiens soit par l'application du soufre, soit par des agents chimiques, avaient sauvé des ceps, des vignes même, mais personne n'était parvenu à sauver radicalement en grande culture les domaines entiers attaqués par le fléau, à les sauver avec une certitude mathématique. Personne n'avait précisé les époques fixes où l'application du soufre produit un effet souverain et infaillible.

Cette précision était évidemment le seul moyen de vaincre le fléau et de sauver avec certitude les récoltes vinaires. Si les vignobles sont en effet exposés à être envahis et à perdre par l'oïdium une partie quelconque de leurs récoltes en grande culture, le fléau sera nécessairement éternel. Le parasite et la manière terrible dont il se propage sont connus : on a vu, qu'apparu à Paris, en 1849, dans quelques serres, en deux ans il avait envahi tous les vignobles méridionaux, jusques à l'Archipel grec, à la Péninsule espagnole et à Madère.

Sa nature et ses habitudes sont toujours les mêmes. Il est donc certain que toute partie de vignoble négligée, où l'on aura laissé perdre la récolte par l'oïdium, en laissant aux vendanges des germes d'infection, exposera sans cesse la viticulture entière à ces grands désastres, et que le fléau sera éternel. Or, tous les systèmes de soufrage les plus perfectionnés laissent des germes d'infection aux vendanges en grande culture, et font perdre une partie quelconque des récoltes, quelle que soit l'habileté reconnue des praticiens promoteurs de ces systèmes. Il est notoire que depuis huit ans ils ont eu une partie quelconque de leur récolte perdue par l'oïdium, à Thoméry, à Montpellier et en Médoc.

La méthode préventive, telle que nous l'avons formulée dans notre *Guide*, est la seule qui, jusqu'à ce jour, ait radicalement sauvé les vignobles en grande culture, y conservant le bois des ceps parfaitement sain et sans laisser de germes d'infection aux vendanges. Depuis huit ans, partout où on l'a fidèlement pratiquée, en France et à l'étranger, n'importe le climat, le terrain, le cépage et la culture, les récoltes ont été complètement sauvées sans laisser de germes d'infection. Il est donc certain que si tout le monde la suivait, l'oïdium aurait bientôt disparu du globe, et que, par cette méthode, il est désormais vaincu.

A l'occasion de la reconnaissance de la méthode préventive, comme la meilleure, par les sociétés *Centrale d'agriculture* et *d'Horticulture* de Paris, nous avons publié une série d'études dans *l'Indicateur de l'Hérault.* M. Laforgue a demandé qu'elles fussent réunies en une brochure spéciale. Il l'a voulu, et il nous autorise à le déclarer en son nom, pour plusieurs motifs :

Ces discussions, d'abord, sont un complément très utile des doctrines de la méthode préventive, qu'on avait affecté, depuis six ans, de taxer d'empirisme pour la déconsidérer ; elles prouvent que ces doctrines sont le résultat de longues observations mûrement réfléchies.

En second lieu, en établissant nettement la part que M. Laforgue et nous avons prise à cette lutte de sept ans, elles montrent que nous sommes parfaitement d'accord avec lui et que nous savons mutuellement nous apprécier. Depuis l'origine, nul n'a plus apprécié que nous le mérite et le dévouement, longtemps méconnus, de M. Laforgue ; mais, de cette circonstance : que nous nous sommes longtemps effacé pour le faire mieux valoir, la mauvaise foi a tiré parti pour tâcher de nous dénigrer l'un par l'autre. Ainsi, d'une part, on ne nous considérait que comme un scribe, un secrétaire ; de l'autre, on présentait M. Laforgue comme un trouveur de hasard, n'ayant rien écrit, comme un agriculteur sans système, *empirique.* Trop longtemps la polémique de nos adversaires a vécu sur cette combinaison de mauvaise foi, qu'il importe de détruire une fois pour toutes ostensiblement. Nous tenons, pour notre part, à assumer dans toute son étendue la responsabilité qui nous incombe, pour que ce qu'on pourrait reprendre dans nos écrits ne puisse nuire dans aucun cas à M. Laforgue, notre collègue dans cette question et notre ami.

Nous ne sommes que deux qui ayons contribué de concert à ce grand bienfait qui a fait encaisser à la viticulture méridionale d'innombrables millions depuis huit ans. Il convient que ce que nous avons apporté chacun à ce beau résultat, d'intelligence, de dévoûment désintéressé, de travaux et de sacrifices de notre poche, ne puisse pas être méconnu par la mauvaise foi et annihilé. C'est d'autant plus essentiel qu'il faut qu'on sache que ce don gratuit fait à la viticulture était une générosité froidement méditée et qui nous fermait la porte à des profits incalculables.

Dès 1854, en effet, on nous proposait de prendre à forfait l'exploitation des domaines les plus anéantis par l'oïdium, qui, ne récoltant rien depuis trois ans, au lieu de revenus quelconques faisaient subir annuellement à leurs propriétaires des pertes énormes, des frais d'exploitation inutiles. En assurant à ces propriétaires le revenu net à cinq pour cent de leur capital terrien, ils auraient accepté, avec grand empressement, et nous aurions réalisé de très grandes fortunes.

Nous aurions pu faire partout ce que nous fîmes gratuitement en 1856 sur le domaine des MM. Genson et dont nous avons donné les détails dans notre *Guide*, dans nos *Documents*, etc. Ce domaine, de 58 hectares de vignes, avant l'oïdium donnait, dans les bonnes années, de 10 à 15,000 francs de revenu. Anéanti depuis l'oïdium, il en donnait autant de perte en débours de poche. L'ayant pris dans cet état, en 1856, nous y fîmes produire une récolte qui, vendue en bloc, en novembre, fit réaliser 152,000 fr. d'écus. C'est-à-dire qu'en une seule année nous en décuplâmes le revenu normal.

Or, ce que nous fîmes sur ces 58 hectares, nous pouvions très bien le faire pour 1000 à 1200 hectares dans le même cas, et gagner chaque année pendant cinq ans de un à deux millions, en ne divulguant pas ce dont nous étions on ne peut plus sûrs et qui, sans divulgation, eût peut-être mis vingt ans à se répandre, puisque avec nos prodigieux efforts nous avons mis huit ans à le vulgariser.

Ce moyen de faire de grosses fortunes nous était donc parfaitement connu en 1854 ; un grand nombre de personnes très recommandables le savent et nous l'avions écrit. Nous devons confesser ici que c'est principalement nous qui, avec nos idées généreuses, grandes et loyales, y avons le plus contribué, et nous en demandons pardon à M. Laforgue, à qui tout ce que nous avons subi de dégoûts depuis six ans devrait naturellement faire regretter cette générosité.

— C'est trop beau et trop grand, lui disions-nous, pour que nous devions nous attacher scrupuleusement à ne pas le salir par l'apparence même d'idée de spéculation. Il eut le malheur d'être animé des mêmes sentiments que nous, et nous résolûmes de faire et donner tout gratuitement. Cette résolution a été jusqu'à ce jour la règle de notre conduite en tout et pour tout. En sorte que dans cette croisade inouïe de huit ans, pour le bien, nous y avons non seulement consacré nos travaux incessants et nos veilles, notre intelligence, mais nous y avons énormément perdu de notre poche par la perte de notre temps, par nos frais déboursés en correspondance, en voyages et en impressions.

Il convient donc que cette vérité authentique soit nettement constatée, puisqu'elle est pour nous la seule compensation des fortunes, que, dans notre générosité que nous ne regrettons pas, nous n'avons pas voulu gagner, et des innombrables millions que nous avons fait gagner à la viticulture de nos contrées, sans compter ceux que nous ferons gagner à la viticulture générale.

Il faut bien le dire, car au train dont vont les choses depuis huit ans, tous ces immenses bienfaits seraient réalisés et désormais acquis, sans qu'on sache seulement à qui ils sont dûs. Il faut le dire surtout pour éviter que, profitant de notre généreuse abnégation et de notre silence, quelqu'un ne vienne plus tard s'en attribuer le mérite : ce qu'on voit trop souvent par le temps qui court.

Ici, nous sentons le besoin d'une démonstration incontestable, les faits que nous affirmons ayant été systématiquement cachés ou tenus sous le boisseau depuis cinq ans. Nos assertions pourront peut-être paraître entachées d'exagération aux lecteurs étrangers à nos contrées et qui ne peuvent se faire une idée, même approximative, de l'immensité des pertes qu'ont fait subir les fausses doctrines *répressives* et des prodiges de richesses que la méthode préventive a fait accumuler dans le Midi.

Pour le faire apprécier, nous ne citerons qu'un seul fait incontestable, qui est de notoriété publique, relatif à un beau domaine de notre banlieue, appartenant à un propriétaire très honorable, intelligent et actif, dont on peut voir la cave et les registres, quand tout ce que nous allons dire ne serait pas universellement connu dans toute la contrée.

Le beau domaine de Lézigno, situé à cinq kilomètres de Béziers, a environ 150 hectares de vignes. — Avant l'oïdium on y récoltait, dans les bonnes années, environ 10,000 hectolitres de vin.

Depuis l'invasion, en 1852, M. M..., propriétaire, ne croyant pas à la vertu curative du soufre, ne soufra pas, d'abord ; ses récoltes furent quasi nulles.

En 1854, les succès de nos soufreurs préventifs s'étant répandus, il voulut soufrer; mais, par malheur, il eut plus de confiance aux affirmations des écrits de M. Marès couronnés qu'aux nôtres. Jusqu'en 1858, il suivit les prescriptions de la méthode répressive ; il les suivit même avec toute la largesse, l'activité et l'intelligence possible, car il est large et ne néglige rien pour son exploitation.

Jusqu'en 1858, ses récoltes furent cependant archipitoyables; il ne récoltait que de un dixième à un quart de sa récolte normale, du vin empesté de goût de soufre, qu'il ne pouvait vendre, au moment où les vins potables, quelque faible qu'en fût la couleur, se vendaient dans nos contrées de 30 à 40 francs l'hectolitre.

Chacune de ces cinq années de vendanges était en un mot pour lui un affreux sinistre.

En mars 1858, M. M... désolé vint nous consulter; nous lui dîmes :

— Voilà cinq ans que je le publie nuit et jour. Vous êtes impardonnable ; vous auriez dû au moins essayer. Je ne puis aller vous prendre au collet pour vous forcer à vous enrichir. Si vous continuez à suivre ces détestables conseils, vous vous ruinerez. Prenez mon *Guide*, suivez-le exactement et sans lésiner sur le soufre, et quel que soit l'état pitoyable de votre vignoble, vous aurez une grosse récolte.

Ce fut exécuté avec la largesse et l'intelligence que nous avons dite.

Aux vendanges 1858, la récolte fut de 17,000 hectolitres de vin, et aurait été de 20,000, me dit-il, si les *picpouls* et les *aramonts* n'eussent pas souffert d'une gelée printanière.

Il fit environ 250,000 francs de recette. Pendant les trois années précédentes, avec cette quantité, elle eût été de 500,000 francs!

En six ans, s'écria-t-il, j'ai perdu plus d'un million, et

il n'exagérait pas, car assurément si depuis 1853 il avait pratiqué la méthode préventive, vu l'énormité phénoménale du prix des vins pendant cette période, il aurait certainement beaucoup plus d'un million de francs qu'il a perdus.

Or, qu'on songe maintenant qu'il ne s'agit que d'un seul propriétaire, de 150 hectares de vignes !...

Si l'on considère que depuis 1852, *cent mille* hectares au moins de vignes, dans nos contrées seules, ont profité des bienfaits de la méthode préventive, sans parler de ceux qui en ont profité dans tout le Midi, dans tout l'Ouest et à l'étranger, on comprendra facilement que ce que nous disons des innombrables millions que nous avons fait gagner, loin d'être exagéré, est au-dessous de la réalité et qu'on ne peut essayer d'évaluer le chiffre de ces richesses sans en être effrayé.

Ceci est, redisons-nous, un fait de notoriété publique et qu'on peut vérifier sur le lieu, sur les registres, à toute heure et quand on le voudra.

La méthode préventive est sans doute connue et pratiquée par l'immense majorité des viticulteurs du Midi ; depuis cinq ans déjà, les plus honorables attestations et distinctions ont sanctionné le mérite incontestable de M. Laforgue. Indépendamment des attestations individuelles des sommités agricoles et scientifiques, les Sociétés centrales et scientifiques de Perpignan et de Toulouse l'ont reconnu en séance publique et de la manière la plus formelle. Celle de la Haute-Garonne spécialement, après le rapport de deux commissions solennelles d'enquête, l'une d'éminents agriculteurs de la Société centrale, l'autre de savants de la Faculté des sciences, toutes deux officiellement nommées par M. le Préfet, a proclamé, en séance publique, il y a quatre ans, l'excellence de la méthode préventive, le mérite de M. Laforgue et le nôtre, à qui ces bienfaits sont dûs.

Les mêmes témoignages publics nous ont été donnés par la Société agricole de San-Isidro, la première société agricole d'Espagne.

Une médaille a été décernée à M. Laforgue pour le même objet par l'Académie nationale agricole et industrielle de Paris.

Enfin une médaille d'or lui a été décernée par le gouvernement français pour ses recherches, ses travaux et son dévouement.

Ce sont certainement de beaux titres qui établissent incontestablement les droits de M. Laforgue, son mérite et le nôtre pour la découverte, la création théorique et la propagation de la méthode préventive, de cet immense bienfait agricole, et nous devrions dire social ; mais, à nos yeux, nous devons le dire aussi, tout cela n'est pas suffisant.

Adoptée et pratiquée par l'immense majorité des viticulteurs du Midi, la méthode préventive n'a pas été encore approuvée, ni seulement discutée, chose incroyable, par la Société centrale de l'Hérault, bien que depuis le 12 septembre 1855 elle ait été saisie d'un rapport officiel, émanant d'une commission d'enquête nommée par le sous-préfet de Béziers ; rapport qui constate les merveilleux effets de cette méthode, à une époque où l'art du soufrage était dans une ignorance presque complète, où l'on allait jusqu'à nier, un ou deux ans plus tard, l'efficacité curative du soufre !

D'un autre côté les Sociétés impériales de Paris ont récemment proclamé, il est vrai, l'excellence de la méthode préventive telle qu'elle est formulée dans nos écrits et pratiquée depuis huit ans par M. Laforgue, mais sans en indiquer l'origine. C'est ce que montrent du moins les comptes-rendus des journaux spéciaux de Paris répandus dans toute la France, les seuls documents qui nous soient connus à ce sujet et auxquels nous avons dû répondre pour détruire le mauvais effet que leur grande publicité pourrait produire sur l'opinion des agriculteurs.

Cette détermination n'est pas seulement une question d'amour propre ou d'intérêt personnel pour l'honneur de M. Laforgue ; elle a un but bien plus élevé, celui du bien général de la viticulture et, nous devrions ajouter, de l'agriculture entière. En effet, dans nos principes, dans notre théorie, dans nos écrits, il y a des choses tout à fait neuves et très importantes touchant des propriétés, jusqu'à ce jour inconnues, du soufre, appuyées toutes sur d'innombrables faits incontestables et qu'on pourra vérifier par des expériences qui seront concluantes.

Ces choses neuves, nous n'avons pas pu les développer pendant notre lutte incessante de huit ans, d'abord parce qu'elle ne nous en laissait pas le temps, en second lieu parce que, si nous l'avions divulgué, quelqu'un s'en serait emparé pour s'en donner le mérite à son profit, comme précédemment. Voilà pourquoi, comme dans notre *Guide*, nous en avons dit seulement quelques mots dans ces dernières études, pour prendre date en cas de besoin, en attendant que nous ayons le loisir de développer ces principes et ces faits comme il convient. Le plus pressé, avant les améliorations, est de sauver la viticulture compromise et les récoltes qui se perdent annuellement.

Ces récoltes se perdent par les fausses doctrines de soufrage, et les agriculteurs continueront d'être victimes de ces doctrines tant qu'elles subsisteront recommandées par les corps savants, par les distinctions exceptionnelles dont elles ont été honorées et qui les font considérer, par les viticulteurs crédules et peu éclairés, comme le suprême progrès.

Elles sont nombreuses ces fausses doctrines, et, depuis six ans surtout, chaque année prouve combien elles sont funestes à ceux qui les suivent. Les millions que leur divulgation constante a fait perdre au Midi, sont incalculables.

Nous désirons avant tout qu'on ne se méprenne pas sur notre intention à l'égard de tous les auteurs des méthodes précédentes. Loin de blâmer et d'envier les distinctions justes et les récompenses qu'ils ont reçues, nous voudrions qu'il leur en fût alloué de plus grandes ; mais uniquemeut pour leurs travaux passés qui les ont si bien méritées, et non comme recommandation nouvelle et de plus en plus funeste de ces doctrines dépassées par le progrès. Toutes les méthodes qui ont pour base l'attente de l'apparition du parasite et de ses indices sont funestes dans tous les vignobles précédemment et récemment oïdiés.

Ce n'est donc pas assez que de proclamer la pratique de la méthode préventive comme la meilleure, si en même temps on laisse subsister la recommandation solennelle des doctrines répressives qui lui sont diamétralement opposées et contre lesquelles nous avons lutté pied à pied pendant six années consécutives et sans relâche. Un nombre immense de viticulteurs doivent d'autant plus être victimes de cette étrange position que la camaraderie et la presse banale continuent de prôner le nom et les ouvrages des auteurs de ces fausses doctrines, auxquelles on se fie quand on ignore les hautes recommandations nouvelles, anonymes ou sans indications catégoriques. La différence entre les deux systèmes est cependant immense. Avec l'un il s'agit souvent de perdre sa récolte en grande partie, sinon en totalité, et avec l'autre de la sauver toujours toute entière.

Nous faisons des vœux, quant à nous, pour que cette situation aussi étrange qu'inouie n'existe plus. Nous nous effaçons ici, comme on sait que nous l'avons toujours fait en prenant avec justice M. Laforgue, notre ami, comme drapeau de notre méthode préventive qu'il a inventée le premier en 1852. Nous désirerions même que ce système, si opposé à tous les systèmes précédents, fût personnifié en son nom, pour qu'il eût une signification positive et devînt le symbole de la reconnaissance que voue à ce bienfait l'immense majorité des viticulteurs du Midi que ce système a sauvés et enrichis depuis huit ans.

A. VIALLES.

J'approuve et reconnais comme l'exacte vérité ce que M. Vialles dit de moi et de la nature de son concours, dans cette lutte que nous avons soutenue ensemble et de concert pour divulguer et propager la méthode de soufrage préventive, la seule qui jusqu'à ce jour ait toujours donné des succès complets en grande culture.

Frédéric LAFORGUE.

CONSÉCRATION

DE

LA MÉTHODE PRÉVENTIVE

PAR LES SOCIÉTÉS CENTRALES ET IMPÉRIALES D'AGRICULTURE ET D'HORTICULTURE DE PARIS.

I.

Dans plusieurs séances des Sociétés Centrales et Impériales d'Agriculture et d'Horticulture de Paris, de très graves questions viennent d'être agitées. Il s'agissait d'abord des causes et des effets des chaleurs exceptionnelles qui ont généralement fait perdre beaucoup de récoltes vinaires, pendant l'été dernier, dans toute la France, comme à l'étranger. Dans cette discussion, à laquelle ont pris part les hommes les plus éminents de la science agricole, M. Duchartre, notre compatriote, s'est particulièrement distingué par des études scientifiques très intéressantes, dont il a communiqué le résultat. Etroitement liée à celle de la guérison de l'oïdium, cette question devait nécessairement entraîner celle du soufrage qui a été traitée par divers membres éminents des deux sociétés. Voici en quels termes M. Payen, l'honorable président, membre de l'institut de France, l'a résumée de la manière la plus explicite :

« Le soufrage, *pour être fait utilement,* doit être effectué AVANT LA FLEUR DE LA VIGNE, PENDANT LA FLORAISON ET APRÈS LA

FLORAISON. *Si l'on attendait, pour soufrer, que le fruit fût très développé, et que l'oïdium y fût visiblement attaché, il serait souvent trop tard; c'est alors que l'on croirait devoir soufrer abondamment, et que l'on rencontrerait l'inconvénient qui résulte de ces excès, sans parvenir peut-être à arrêter complètement les progrès de l'oïdium.* »

On ne pouvait préciser plus nettement en peu de mots les doctrines fondamentales de notre méthode préventive, telle qu'elle a été pratiquée constamment par M. Laforgue depuis 1852, et dont nous avons nous-même créé et développé la théorie pratique, depuis cinq ans, dans tous nos écrits de presse hebdomadaire, dans nos traités et nos brochures, comme l'ont constaté, dans le temps, la Société Impériale et Centrale de la Haute-Garonne et beaucoup d'autres sociétés et viticulteurs éminents de la France et de l'Espagne.

Mieux que personne, convaincu, après sept années consécutives d'observations et d'expériences constantes, de l'excellence absolue de ces doctrines, nous apprécions l'immensité du service que M. Payen et les sociétés Impériales de Paris viennent de rendre à la viticulture universelle par la consécration solennelle de ces principes, les seuls qui puissent anéantir radicalement le fléau qui, pendant quinze ans, a épouvanté l'humanité, et sans lesquels l'existence de ce fléau serait éternelle.

La consécration solennelle de ces doctrines, partant de si haut, est, en effet, la condamnation définitive de toutes les méthodes qui leur sont contraires et opposées, c'est-à-dire de toutes les méthodes de soufrage qui avaient été proposées et prônées jusqu'à ce jour.

Par cet acte, ces deux sociétés savantes rehausseront

encore, si c'est possible, la renommée dont elles jouissent dans le monde scientifique, en prouvant qu'elles savent revenir sur leurs précédentes décisions, reconnaître et adopter tous les progrès; et accueillir les vérités de quelque part qu'elles leur viennent, sans autre considération que celle de la science.

Bien qu'ayant lutté presque seul contre tous pendant cinq années consécutives, nous ne mêlerons pas des noms à une question d'intérêt aussi vaste. Ce serait en diminuer la grandeur. On se proposait depuis quinze ans de délivrer l'humanité du fléau nouveau qui était venu inopinément épouvanter la viticulture et qui l'aurait anéantie ; par la pratique exacte des doctrines que les sociétés Impériales viennent de proclamer, ce résultat immense sera obtenu, et jusqu'à ce jour ne peut l'être que par elles. — Dieu soit loué! — La science a fait son devoir, la réalisation de cet immense bienfait ne dépendra plus que de la volonté humaine.

C'est à l'autorité administrative à prendre des mesures pour que cette importante vérité soit unanimement connue et proclamée, si elle veut, ce qui ne fait pas l'ombre d'un doute, que les richesses viticoles de la France ne soient pas perdues; c'est encore à elle à prendre des mesures sévères, efficaces et très faciles, pour que nul ne soit autorisé à infester ses voisins, faute de soins indispensables pour se sauver lui-même.

Encore privé de documents officiels sur ces mémorables séances, nous en donnons le compte-rendu tel que nous le trouvons dans les journaux spéciaux de Paris, c'est une pièce très grave sous plusieurs rapports, mais surtout pour la consécration si nette et explicite, par M. Payen, des principes fondamentaux de la *méthode préventive* qui devraient être affichés dans toutes les communes viticoles de l'empire.

Nous aurons à compléter ce document par des observations et des faits nouveaux recueillis dans les vignobles du Midi, au sujet des questions traitées. Pour aujourd'hui nous n'avons qu'une observation à faire sur un passage qu'il renferme, de nature à produire un fâcheux effet sur l'esprit des viticulteurs qui ont suivi, depuis l'origine, cette grande question du soufrage.

Ce ne peut être, selon nous, que par une erreur de chiffres ou de rédaction, qu'on y fait dire à l'honorable et éminent membre de la société d'horticulture M. Rose-Charmeux, que depuis 1846 et 1847 les viticulteurs de Fontainebleau préservaient leurs treilles par le soufrage. Cette assertion serait en contradiction manifeste avec tous les documents authentiques et officiels, publiés depuis la première apparition de l'oïdium dans les serres de Margate ; elle serait monstrueuse, puisqu'elle ferait soufrer avant que le fléau n'eût pénétré en France, où il n'a été signalé, pour la première fois, dans les environs de Paris, qu'en 1848 et 1849, sur les treilles de Versailles et dans les serres de M. de Rostchild.

Il y a donc évidemment erreur. D'ailleurs, la question n'est pas là. Il s'agit de savoir si la méthode de soufrage, employée pour ces treilles, était bonne pour la généralité des vignobles et en grande culture, condition sans laquelle tout serait de nouveau en question. Or, nous avons déjà prouvé, dans le temps, qu'elle était mauvaise et impraticable pour nos immenses vignobles plantés en hautains, et nous prouverons que celle que M. Rose-Charmeux propose même aujourd'hui n'est pas meilleure.

Pour être bonne, une méthode doit être universellement applicable, doit assurer un succès absolu et complet, pour la grande comme pour la petite culture, pour tous les genres d'exposition et de cépages. Notre méthode préventive, telle qu'elle est formulée, est la seule connue qui réunisse ces précieuses qualités, et on peut le prouver sans cesse incontestablement par l'insuccès qu'on éprouve quand on s'en écarte dans les vignobles oïdiés les plus difficiles à traiter.

Les treilles ne forment pas le cinquantième, peut-être le centième, de la superficie des vignes plantées dans l'univers viticole !

Voici textuellement le compte-rendu des séances des Sociétés Impériales, tel que les journaux spéciaux l'ont publié :

MALADIE DE LA VIGNE ET NOUVELLE ALTÉRATION DU RAISIN.

« M. Bella met sous les yeux de la Société impériale d'agriculture des raisins présentant une altération qui se manifeste par une coloration brune, rougeâtre, due, suivant l'honorable membre, à la double action du soufre et de la chaleur. Il a remarqué cette altération seulement sur les vignes soufrées, et exclusivement sur celles qui se trouvaient exposées à la chaleur la plus intense du soleil ; il n'en a vu aucune trace sur les vignes soufrées qui n'ont pas été exposées au soleil. Il est convaincu que c'est au soufre que cette altération doit être attribuée. M. Bella croit qu'on a été trop loin en recommandant de soufrer sous l'influence du soleil ; il croit, au contraire, qu'on doit recommander de ne pas soufrer par un temps chaud et sec.

» M. Payen dit qu'il a eu l'occasion de connaître le phénomène signalé par M. Bella, dont les observations, d'ailleurs, sont parfaitement justes. Ce phénomène a été soigneusement étudié dans le sein de la Société d'horticulture, qui en a été saisie par une communication de M. Duchartre. L'altération dont il s'agit est due effectivement au soufrage et résulte du concours de l'action du soufre et des rayons solaires directs.

» M. Payen ajoute que M. Duchartre a fait, sur des treilles, des observations variées non seulement à cet égard, mais encore il a examiné sous microscope les résultats de l'altération sur les tissus des grains de raisin.

» Il a remarqué que, lorsque le soufre est répandu en abondance au milieu du jour sous l'action directe du soleil, la cuticule et les cellules superficielles sont arrêtées dans leurs développements ; les cellules sous-jacentes de plusieurs couches, dont les joints étaient alternés, paraissent en séries superposées et rétrécies. Ce rétrécissement peut provenir de deux causes :

» 1° De l'arrêt de développement, tandis que les tissus ambiants continuent de s'accroître ;

» 2° De la réaction spéciale sur la cellule ou son contenu.

» M. Duchartre a fait, en outre, dit M. Payen, une

observation curieuse : c'est que la matière colorée est la substance qui est renfermée dans les cellules, tandis que la paroi ou la membrane formant l'enveloppe de chaque cellule demeure incolore.

» Dans cette séance et les deux séances précédentes de la Société d'horticulture, M. Payen avait proposé et recueilli de nouvelles observations sur la maladie de la vigne ; des renseignements intéressants ont été communiqués par M. Rose Charmeux, viticulteur de Thomery, près Fontainebleau.

» Tous les ans, dans ses treilles, il fait des observations qui s'appliquent à des étendues considérables ; il les suit depuis 1846 ou 1847, et les résultats s'accordent avec ceux que plusieurs habiles viticulteurs ont constatés dans la même localité, renommée pour ses magnifiques chasselas.

» M. Charmeux a dit qu'aujourd'hui, comme tous les ans depuis 1847, à l'aide du soufrage, les vignes de Thomery et de Fontainebleau sont généralement préservées de la maladie de la vigne. Les conditions les plus favorables, d'après lui, sont un soufrage, le soir surtout, ou le matin, mais jamais au milieu de la journée. En ne soufrant que le soir ou le matin, et ménageant la quantité de soufre, on peut facilement éviter l'altération particulière signalée par M. Duchartre, et qui est précisément la même que celle dont M. Bella vient d'entretenir la Société.

» Quant au meilleur ustensile à employer pour projeter le soufre d'une manière convenable, tout en l'économisant, suivant M. Charmeux, c'est un soufflet analogue à celui qui a été recommandé à la Société par M. Pépin, ou au soufflet Lavergne. C'est effectivement un soufflet de ce genre que l'on emploie avec succès à Thomery et à Fontainebleau.

» M. Nadault de Buffon ajoute qu'il a reçu du Midi des renseignements sur la maladie de la vigne : elle y a exercé de grands ravages. On a remarqué que les vignes soufrées légèrement ont peu souffert; celles qui ont été soufrées trop abondamment sont presque entièrement perdues.

» L'honorable membre a appris aussi qu'à Thomery, en 1857, on avait fait de grandes pertes pour avoir trop soufré; le soufre a donné au raisin un goût désagréable qui a empêché de le vendre.

» M. Payen dit que c'est là un des motifs pour lesquels M. Rose Charmeux donne la préférence au soufflet pour la dissémination du soufre, attendu que cet ustensile projette les substances pulvérulentes avec beaucoup de régularité et d'économie. Ainsi les altérations proviennent ou d'un soufrage trop intense, ou d'un soufrage appliqué sous l'action d'un soleil brûlant, ou enfin de soufrages trop tardifs. M. Payen en a fait chez lui des expériences réitérées et concluantes.

» M. Payen ajoute qu'il a, à cet égard, une autre précaution à prendre, recommandée par M. Rose Charmeux et plusieurs autres horticulteurs, membres de la Société impériale et centrale d'horticulture : le soufrage, pour être fait utilement, doit être effectué *avant la fleur de la vigne, pendant la floraison et après la floraison.* Si l'on attendait, pour soufrer, que le fruit fût très développé, et que l'oïdium y fût déjà visiblement attaché, il serait souvent trop tard; c'est alors que l'on croirait devoir soufrer abondamment, et que l'on rencontrerait l'inconvénient qui résulte de cet excès, sans parvenir peut-être à arrêter complètement les progrès de l'oïdium.

» M. Fabre, membre correspondant, exprime le doute qu'on doive attribuer au soufrage l'altération observée par M. Bella, il croit qu'elle pourrait provenir de l'action seule du soleil. Il avait des treilles exposées au soleil, et d'autres qui étaient à l'abri des rayons solaires ; aucune de ces treilles n'avait été soufrée. Les premières ont été fortement envahies, et les secondes exemptes de l'altération spéciale.

» M. Bella fait observer qu'il avait des vignes soufrées et non soufrées à la *même exposition.* Celles qui n'avaient pas été soufrées n'ont pas présenté, d'ailleurs, d'altération, tandis que celles qui avaient reçu le soufre en ont été atteintes, et seulement dans les parties qui recevaient les rayons solaires ; il est même à remarquer, dit l'honorable membre, que, dans les vignes soufrées et exposées au soleil, les grappes qui se trouvent abritées par des feuilles se sont maintenues en bon état.

» M. Payen ajoute que M. Duchartre a fait des observations semblables et qui confirment celles de M. Bella. Il est donc impossible, ajoute-t-il, de conserver le moindre doute sur le concours des causes qui ont produit la coloration brune dont il s'agit, et les altérations dans les tissus du fruit si bien étudiés par M. Duchartre. »

II.

Nous avons promis d'apprécier le compte-rendu des séances importantes des Sociétés impériales de Paris. Il convient de nous occuper d'abord de la question la plus grave et la plus intéressante pour la viticulture en général et pour nos contrées en particulier où ont pris naissance les doctrines qui viennent d'être proclamées les meilleures, comme celles au moyen desquelles le soufrage peut être fait utilement et peut obtenir une préservation complète du fléau de l'oïdium.

Les effets des dommages partiels provenant de l'action du soleil qui se sont produits en 1859, sont un accident inouï. On n'en avait pas vu du moins d'exemple depuis 60 ans avec cette généralité, et l'histoire viticole n'en avait pas fait mention non seulement depuis que l'usage du soufre est en vigueur pour l'agriculture, mais avant que le nouveau fléau eût paru.

Nous avons déjà relevé l'erreur qui fait affirmer, à M. Rose-Charmeux, que depuis 1847 les chasselas de Thomery et de Fontainebleau étaient préservés de l'oïdium par le soufrage, ce qui renverserait toutes les notions acquises jusqu'à ce jour par les documents officiels les plus authentiques et par toutes les notices chronologiques et scientifiques publiées depuis douze ans, approuvées par le jury du grand concours lui-même en 1857.

On trouvera cette notice chronologique exacte et très détaillée dans notre *Guide;* en voici le résumé très sommaire, en négligeant tout ce qui ne touche pas directement à la question actuelle :

En 1845. — L'oïdium paraît pour la première fois à Margate et y reparaît pendant trois ans.

En 1847. —M. Tucker et M. Beckerley, savant botaniste anglais, font les premières notices sur l'oïdium. — M. Kyle fait avec succès la première application du soufre en mouillant les pampres.

En 1848 et 1849. —L'oïdium apparaît pour la première fois à Paris et à Versailles.

En 1850. — M. le savant Montagne fait la première étude sur le cryptogame. — M. Duchartre applique avec succès à Versailles les procédés de Kyle. — M. Gontier invente le soufflet.

Ici nous passons, comme inutiles à la question actuelle, un grand nombre de mémoires, de propositions et de méthodes abandonnées depuis et reconnues impraticables en grande culture, bien que nous reconnaissions, nous l'avons toujours dit, le mérite des auteurs et les éloges publics qui leur sont dûs.

Ce fut en 1853, un an après M. Laforgue, que les premiers essais de soufrage à sec en grande culture furent connus, et publiés en 1854 par M. Victor Rendu. Ils furent effectués chez MM. Duchatel, de Sèze et Pescatore à Bordeaux, et par M. Rose-Charmeux, à Thoméry. — M. Victor Rendu en rendit compte dans son rapport qui eut un grand retentissement et fut inséré au *Moniteur*, mais trop tard pour pouvoir être appliqué sur la récolte pendante.

Ce rapport indiquait les époques des opérations pratiquées par M. Rose-Charmeux, mais sans précision rationnelle, comme le rapport fait par l'honorable M. Rose-Charmeux lui-même à la Société impériale d'horticulture.

On avait soufré en mai, en juin et enfin à la fin de juillet. On avait réussi, mais cette méthode était évidemment mauvaise, car si nous avions soufré, dans tous les vignobles infestés dans le Midi, seulement à la fin de juillet, les récoltes depuis sept ans auraient été perdues en très grande partie sinon en totalité, comme tous ceux qui ont soufré à cette époque l'ont éprouvé dans nos contrées depuis six ans. C'est un fait notoire.

La première méthode de M. Charmeux était donc mauvaise, ou du moins inapplicable en grande culture.

Celle qu'il propose, même aujourd'hui, n'est pas meilleure, avons-nous dit. Il propose, en effet, de ne soufrer que le matin et le soir et non dans la journée. Si on suivait cette prescription en grande culture, en juin et juillet, le succès serait impossible et les récoltes seraient perdues.

Et cela, par la raison que lorsqu'il y a invasion, avec les dérangements occasionnés par les vents et les pluies, à peine a-t-on le temps et les bras nécessaires pour se sauver en soufrant toute la journée; on a vu même des propriétaires attardés soufrer avec des lanternes, tant ils craignaient de ne pas soufrer à temps; moyen impraticable en grand, mais qui prouve combien les habiles reconnaissent que le moindre retard dans ce cas est mortel.

Les deux méthodes de M. Rose-Charmeux, même la dernière, sont donc mauvaises en grande culture et pour les hautains.

Restent donc les deux méthodes de M. le comte de Lavergne, et celle du mémoire de M. Marès, couronné en 1857.

Sans discuter les vices nombreux qu'elles renferment, dont nous avons signalé les plus marquants dans notre brochure, intitulée : *Documents recueillis*, imprimée chez MM. Bonnal et Gibrac à Toulouse, il suffit de dire qu'elles pèchent l'une et l'autre par la même base fondamentale. — Elles sont l'une et l'autre répressives, en ce sens qu'elles prescrivent d'attendre l'apparition de l'oïdium, se fiant pour la reconnaître à des indices apparents que la première nomme les *moniteurs*, la seconde les *drapeaux*, deux mots qui expriment la même idée.

Or, depuis sept ans que l'oïdium sévit dans les immenses vignobles du midi de la France, il a été généralement reconnu :

Que souvent la maladie envahit tout à coup la totalité d'une vigne en un jour et sans précurseurs, en juin et en juillet, ce qui a eu lieu précisément en 1859 dans tout le Midi ;

Que dans ce cas, serait-on même préparé, aurait-on soufre et ouvriers sous la main, avant que l'opération soit terminée sur toute la superficie d'un domaine, le mal est devenu irremédiable dans une très grande partie, même pour la petite culture, par la raison que les moyens d'action sont proportionnels à l'aisance et à l'influence du propriétaire, et qu'en fait, dans ce cas, les bras manquent ;

Que dès lors on est forcé de multiplier *à l'excès* les

soufrages en été, désastreux sous un grand nombre de rapports, comme dépense et qualité de vin ; désastreux surtout, parce qu'ils sont inutiles et ont l'inconvénient *capital* de perpétuer le fléau en laissant subsister partout les germes qui doivent l'éterniser d'année en année.

Ce peu de mots sont bien suffisants pour démontrer que toutes les méthodes répressives, c'est-à-dire exposant à soufrer en été, avec ces inconvénients désastreux, sont fondamentalement mauvaises.

La nôtre, dont l'honorable M. Payen a proclamé le résumé admirablement succinct, substance de notre *Guide,* est la seule qui ne présente aucun de ces inconvénients.

M. Laforgue la pratique depuis *dix huit cent cinquante-deux,* l'année de sa première invasion par l'oïdium ; nous en avons créé et publié la théorie raisonnée dès 1854. Tous ceux qui l'ont suivie exactement soit en France soit à l'étranger, ont obtenu le succès le plus absolu et le plus complet. Nous n'avons pas reçu pendant six ans une seule observation, même des agriculteurs les plus habiles, qui puisse faire douter de son excellence radicale.

Nous ne ferons qu'une seule observation sur un mot du résumé parfait qu'en a donné M. Payen, elle paraîtra futile, mais elle est cependant très grave. *C'est alors*, dit-il, *qu'on croit devoir multiplier les soufrages et soufrer avec excès.* — On ne *croit* pas, mais on *y est forcé.* — En multipliant ces soufrages tardifs tout désastreux qu'ils sont, on sauve au moins quelque chose ; si on ne soufrait pas du tout, tout serait perdu. — C'est la conséquence fatale de la faute qu'on a commise et que nous donnons les moyens d'éviter radicalement, ce que l'expérience sur une immense échelle a démontré depuis six ans en France et à l'étranger dans toutes les expositions et sous tous les climats.

Comme nous ne reculons devant aucune objection, nous devons parler de celles que nous ont faites plusieurs fois nos habiles adversaires.

On a trouvé notre méthode dispendieuse, trop absolue, obligeant à soufrer quand même, les vignes même qui n'en avaient pas besoin.

Nous y avons répondu maintes fois dans *l'Indicateur* et dans nos brochures d'une façon péremptoire. Nous avons renoncé depuis à y revenir, ayant considéré cette persistance à reproduire des arguments détruits comme une tactique de polémique futile et usée qui nous aurait obligé à ressasser éternellement les mêmes réponses. C'eût été à la fois une perte de temps inutile, s'il y avait système de mauvaise foi, et un ennui de plus pour nos lecteurs indifférents, fatigués déjà par des questions neuves et pourtant très importantes, la sanction solennelle de M. Payen le prouve.

Cependant, comme ces reproches nous ont été adressés par M. J. A. Barral, l'éminent rédacteur en chef du Recueil de l'Agriculture Pratique, rapporteur du grand Concours en 1857, et une des sommités de la science agricole, nous saisirons cette occasion pour répondre explicitement à ce qu'il disait en septembre dernier, en nous désignant nominativement, au sujet de nos grandes discussions acharnées avec les auteurs des méthodes que nous combattions.

Nous attendions le résultat de la récolte, pour donner des explications qui appuyées, cette fois, sur des faits d'une gravité incontestable auraient été concluantes. La décision solennelle de la Société Impériale de Paris est une occasion précieuse pour vider cette question de manière à ne laisser aucun doute dans les esprits que ces paradoxes doivent troubler et rendre encore incrédules malgré les conseils de la Société Impériale.

Nous reproduirons les termes dont s'est servi M. Barral et nous prenons l'engagement de nous laver entièrement de tous les reproches qu'on nous a faits à ce sujet, en prouvant que la méthode de notre *Guide* n'est nullement absolue, qu'elle est la plus simple, la plus commode et, en fait, la moins dispendieuse.

Ces explications très opportunes auront le triple avantage de faire disparaître les erreurs qui nuisent aux conseils de la Société impériale, de rétablir la vérité si honorable pour nos contrées, en même temps qu'elles seront un enseignement tout à fait neuf pour beaucoup de viticulteurs qui pratiquent notre méthode préventive sans en comprendre toute la portée.

III.

Voici ce que disait M. J. A. Barral, dans la 17e livraison du *Journal d'Agriculture pratique*, à la date du 5 septembre. L'opinion de savants aussi éminents que MM. Bouchardat et Barral, à cette date, est assurément de nature à donner encore plus de poids à la sanction de M. Payen, au nom de la Société impériale dont il est le président.

Nous ajouterons quelques mots sur la marche de l'oïdium, cette année. Il n'a presque pas sévi en Bourgogne, mais il a causé de grands ravages en Languedoc, dans le Bordelais et dans les treilles des environs de Paris. En général, il a agi avec plus d'intensité qu'en 1857 et 1858, mais on l'a combattu efficacement par des soufrages. Comme l'a remarqué M. Bouchardat, dans l'avant-dernière séance de la Société impériale et centrale d'Agriculture, un grand nombre de propriétaires n'ont obtenu qu'un résultat incomplet ou quelquefois négatif, parce qu'ils n'ont pas opéré à temps. Ceux qui ont appliqué le soufre assez tôt, et ont renouvelé quand il le fallait son application, ont réussi. Le mal s'est développé à plusieurs reprises. M. Bouchardat a dit, avec raison, que le soufre peut disparaître, en totalité ou en partie, après son application, sous l'influence de la pluie ou du vent, et que, par conséquent, l'insuccès n'a rien d'étonnant quand on ne renouvelle point l'application du soufre. Savoir opérer à temps, c'est le grand art. De là vient la grosse querelle qui s'agite dans les colonnes de l'*Indicateur de l'Hérault*, entre M. Vialles, qui veut toujours les soufrages préventifs, et MM. Marès et de Lavergne, qui ne sont pas aussi absolus. Il est certain que, si l'on savait que le mal dût sévir, il faudrait soufrer de bonne heure et à plusieurs reprises, sauf à consommer trop de soufre.

C'est de tout point un nouveau complément explicite de nos doctrines, que nous expliquons et commentons chaque jour, depuis cinq ans, contre toutes les autres doctrines qui leur sont opposées. La conclusion de M. Barral est évidemment en notre faveur, puisque la formule dubitative qu'il emploie est détruite par la certitude. — Il est certain, en effet, que partout où l'oïdium a sévi et a laissé aux vendanges des germes d'infection, les vignobles de la contrée sont exposés l'année suivante à des invasions subites et souvent générales, pour peu que la température soit favorable au développement du parasite.

L'expérience universelle depuis sept ans, dans le Midi, a fait de cet axiome une vérité incontestable.

Reste à nous laver des reproches d'absolutisme et de prodigalité qu'on nous a si souvent faits, quelques explications que nous ayons données. Nous le devons par honneur pour défendre notre œuvre, car toute la théorie du système préventif, que nous avons créée et développée depuis six ans, nous appartient à nous seul. Si on veut ne pas seulement mentionner, après son adoption générale, les auteurs et divulgateurs de ce système, salut de la viticulture, nous devons au moins nous laver des absurdités qu'on nous attribue et qui ne sont jamais entrées dans notre pensée.

En publiant notre premier Mémoire, notre Guide et tous

nos écrits depuis six ans, nous n'avons jamais songé à en faire des œuvres à prétention.

Nous avons d'abord voulu mettre en lumière le mérite de M. Laforgue, méconnu, dédaigné, et qui, sans nous, aurait peut-être été éternellement oublié ou inconnu, comme celui de tant d'autres inventeurs bienfaiteurs de l'humanité.

Occupé, depuis plusieurs années, d'études sur le fléau qui menaçait la viticulture d'une ruine complète, dès que le succès de sa pratique nous fut signalé, en 1853, nous y vîmes aussitôt le germe du salut de la viticulture. Nous résolûmes de créer une théorie basée sur nos observations constantes des succès et des insuccès de M. Laforgue lui-même, et de tous ceux qui l'imitaient dans toute la contrée et dans des terrains divers; seul moyen d'arriver à des conclusions certaines. — Nous étions convaincu que le bienfait de la délivrance du fléau se serait fait attendre pendant cinquante ans, et peut-être plus, par l'enseignement oral et de proche en proche, contrarié qu'il serait par les innombrables systèmes qui se multipliaient, à ce moment de recherches vaines et d'ignorance dont tous les documents de l'époque font foi.

Une théorie nette, des règles écrites et discutables, pouvaient seules, à nos yeux, répandre immédiatement la lumière. Et on voit que nous ne nous étions pas trompé, puisque, dès 1854 et 1855, la méthode préventive était connue, par nous, et essayée avec succès dans la Haute-Garonne et en Espagne, quatre ou cinq ans plutôt que dans bien des contrées du *département de l'Hérault*, empestées par la propagation d'autres systèmes déplorables.

Tels sont l'origine et le but véridiques de notre théorie et de nos luttes pendant six ans pour la soutenir.

Nous écrivîmes pour les masses, pour les agriculteurs des campagnes, sachant ce qui leur convient, après les avoir fréquentées pendant trente ans dans tous les vignobles de la France. Nous savons qu'ils ne lisent pas, qu'ils trouvent tout trop long, et que le meilleur axiome d'une ligne passerait inaperçu, s'il était noyé au milieu de démonstrations scientifiques qu'on ne regarderait pas. — Nous résolûmes donc de faire une méthode simple, concise, claire par les termes et par l'ordonnance des matières, rationnelle et exempte de contradictions dont toutes les autres méthodes fourmillent, qui sont l'écueil de ce genre de travail et le plus grand obstacle à la foi qu'on veut inspirer pour le système qu'on propose ; une instruction toute composée d'axiomes et de préceptes positifs et très concis, résultat d'innombrables expériences dont l'explication rationnelle aurait exigé des volumes de développements que nous donnions successivement dans la presse hebdomadaire.

Nous indiquâmes dans le *Guide* le moyen de sauver les récoltes vinaires par le *soufrage préventif* avec une certitude absolue, mathématique, quel que fût le degré d'intensité de la maladie et d'anéantissement de la vigne attaquée pendant plusieurs années.

Ainsi, nous avons donné le moyen infaillible de ressusciter immédiatement les vignes complètement anéanties depuis plusieurs années, — dont les coursons noirs et pulvérulents ne peuvent supporter la taille, — dont les sarments, ridiculement courts et malingres, n'avaient porté, pendant plusieurs années, que de très rares raisins, petits et toujours pourris, du bois d'un aspect désolant, tellement anéanties qu'il ne restait plus d'autre ressource que l'arrachage.

Ces vignes perdues, partout où elles ont été opérées par le traitement spécial prescrit dans notre *Guide,* page **21**, ont été miraculeusement ressuscitées. Dès la première année, tous les raisins ont été sauvés, parfaitement sains, les sarments ont acquis une longueur et une grosseur supérieures à celles des sarments fournis par ces vignes dans les meilleures années sans maladie. — Dès cette première année, ces vignes ont été remises en état normal, et ne demandant plus, pour être éternellement préservées complètement, que les trois soufrages de la méthode préventive normale applicables aux vignes précédemment envahies par l'oïdium, ou exposées à être envahies tant qu'il aura régné dans la contrée et laissé des germes aux vendanges.

Nous prescrivons la continuation sévère de la méthode préventive, tant que l'oïdium n'aura pas disparu totalement de la contrée depuis deux ans. Précepte très sage, attendu qu'en le suivant, on ne peut tout au plus perdre que deux traitements préservatifs inutiles si l'oïdium venait à disparaître, et que si, par négligence ou illusion, on était envahi en juillet, en perdant une seule récolte on perdrait la dépense de quinze à vingt années de soufrage, vu la cherté excessive du vin.

Dans ce cas, les invasions sont, en effet, plus que probables; pour avoir voulu économiser, des milliers de propriétaires ont perdu, dans le Midi, depuis six ans, des sommes immenses, qui auraient pu préserver leurs domaines pendant trente ou quarante ans.

Ces explications, nous ne les donnons pas après coup; elles sont très catégoriquement formulées dans le texte même de notre *Guide,* tout concis qu'il est.

A la page 17, nous expliquons très nettement le but du traité et de sa forme simple et concise.

Aux pages 18, 21 et bien d'autres, nous expliquons très clairement que notre méthode préventive n'est obligatoire que *dans les contrées où la maladie existe et menace par conséquent les vignes d'invasion.*

Rien ne peut être plus positif et plus clair. Comment peut-on expliquer cette persistance à représenter pendant cinq ans notre méthode comme trop absolue et trop chère pour la décrier, à aller jusqu'à dire qu'à notre compte on devrait soufrer même les vignes qui n'en ont pas besoin? Absurdité tellement ridicule, qu'elle n'est pas même supposable.

Nous avons, au contraire, dit expressément, page 23, dans notre *Guide,* où nous avions tout prévu, tout concis qu'il soit, que le soufreur ne doit pas être une *machine à systèmes;* qu'il doit se conformer avec intelligence à la position de son vignoble, en se pénétrant de nos préceptes, dont ses fantaisies et ses bévues ne peuvent altérer en rien l'excellence, souveraine pour qui les exécute fidèlement.

Nous n'avons jamais commis l'ineptie de prétendre qu'on dût appliquer curativement notre méthode dans la Bourgogne, par exemple, où il n'y a dans ce moment ni oïdium, ni par conséquent danger imminent d'invasion; mais nous avons donné le moyen à tous les vignobles qui sont dans cet heureux cas, de ne perdre tout au plus qu'une partie de la récolte qui serait inopinément envahie, et de sauver radicalement toutes les récoltes suivantes, quelle que puisse être la persistance du fléau.

C'est un bienfait immense qu'aucune autre méthode connue ne peut garantir.

Nous avons donné le moyen de ressusciter les vignes réduites au dernier degré d'anéantissement, et de les rétablir aussitôt dans l'état normal et prospère, qu'on pourra perpétuer à l'aide de notre méthode préservatrice.

C'est une chose que personne n'a dite avant nous, avec cette certitude mathématique, qu'on peut vérifier partout quand on le voudra, et qui a été vérifiée par des milliers de viticulteurs, sur notre publication, dans le Midi, dans toutes les contrées de la France et à l'étranger, n'importe le cépage, la culture, le terrain et le climat. Ce système est donc la vérité.

Les vignes anéanties à ce point, non encore arrachées à Madère et en Portugal, peuvent être l'an prochain ressuscitées et recouvrer leur prospérité d'il y a vingt ans, avec la certitude de ne la perdre jamais par l'oïdium.

Ce système a pourtant été dédaigné, combattu, étouffé pendant six ans que Frontignan et d'immenses vignobles, à nos portes, étaient réduits à ce dernier état d'anéantissement qui forçait les populations à s'expatrier ou à abandonner et arracher les vignes, comme à Madère.

Le public appréciera donc par quel inexcusable abus on a persisté pendant cinq années consécutives, malgré nos explications continuelles, à taxer notre système d'absolutisme pour le déconsidérer, pour retarder la propagation de cette ancre de salut de la viticulture.

Nous croyons être suffisamment blanchi sur ce point.

Mais ce n'est pas tout : on nous accuse aussi de prodigalité, et ce reproche est encore plus redoutable aux yeux des masses, dont l'économie, la lésinerie sont l'éternel cauchemar. Ce reproche a donc été le plus funeste.

Il n'est pas plus fondé que le premier ; mais on conçoit que nous ne pouvons pas entamer aujourd'hui ce sujet, qui, par les démonstrations que nous donnerons, sera un enseignement tout à fait neuf et concluant. Cela nous dispensera, toutefois, d'y revenir plus tard, si la mauvaise foi persistait.

IV.

D'innombrables écrits ont été publiés depuis quinze ans sur le fléau nouveau. Dans presque tous on remarque une dénomination que depuis cinq ans nous avons fortement blâmée : celle de *maladie de la vigne*. Nous savons très-bien que beaucoup de ceux qui l'ont employée savaient ce qu'était leur ennemi, et ne se servaient de ce mot que comme synonyme d'oïdium ; mais cette dénomination n'en a pas moins été très-mauvaise, en ce sens qu'elle a perpétué les idées fausses sur la véritable cause du mal, a donné et donne encore naissance aux théories les plus absurdes.

Il eût été bien préférable, pour couper court à toutes ces divagations, de proclamer, ouvertement en le prouvant, que la vigne n'était pas malade, aussitôt qu'on l'a su positivement, et depuis de longues années déjà c'est une vérité incontestable. On peut le prouver par un grand nombre d'arguments péremptoires et concluants.

Qu'une vigne depuis plusieurs années anéantie par l'oïdium soit traitée par la méthode spéciale de notre *Guide,* dès la première année elle recouvre sa plus belle prospérité passée et la conserve à perpétuité par la continuation de notre système, pour tant que l'oïdium sévisse dans la contrée.

La vigne n'est donc pas malade. — Tout le mal ne vient que du parasite nouvellement apparu dans la nature, parasite qu'il faut combattre, paralyser, et détruire si c'est possible, pour délivrer l'humanité des charges énormes que sa paralysation seule fait peser sur l'agriculture.

Voilà la pensée et le but suprême qu'ont dû se proposer tous ceux qui se sont occupés sérieusement de cette question depuis dix ans. Quant à nous, nous n'avons jamais eu d'autres vues et nous l'avons depuis longtemps expliqué.

Aussi avons-nous toujours considéré les questions d'économie, de main d'œuvre, de quantité et de qualité des poudres de soufre comme très secondaires et déplorables, surtout lorsqu'on s'en faisait une arme pour combattre les systèmes qui s'approchaient le plus de la vérité et pour faire adopter de préférence les mauvais.

Il faut d'abord préserver et sauver les récoltes, disions-nous, et délivrer l'humanité du terrible fléau. Tous ces accessoires sont pitoyables à côté de l'immensité de ce but que l'on se propose.

C'est pourtant sur ces misérables détails qu'on s'est

appuyé depuis cinq ans pour combattre la méthode préventive. On l'a prétendue coûteuse, prodigue de soufre. Ces accusations seraient sans portée, on vient de le voir, lors même qu'elles seraient fondées; car il ne s'agit pas de savoir combien nous dépensons pour nous sauver, mais si nous nous sommes sauvés. Or, nous nous sauvons toujours. — Mais que dira-t-on si ces accusations sont dénuées de tout fondement?

Parlons d'abord du mode de soufrage et mettons de côté le traitement exceptionnel indispensable aux vignes anéanties, car dans ce cas il n'y a pas à compter, il faut vaincre et se sauver, ou périr.

Pour le soufrage normal, préventif et préservatif, nous pratiquons, il est vrai, trois soufrages. — Mais nous avons la certitude absolue de nous sauver complètement; notre vin excellent est exempt de goût de soufre; nos raisins sont préservés de la coulure; nos sarments sont de toute beauté.

Par les méthodes répressives on peut, dit-on, se sauver avec un ou deux soufrages. Cette hypothèse est d'abord un leurre dont l'expérience de huit années consécutives a démontré la vanité. Jamais vignoble traité répressivement en grande culture, n'a été exempt de raisins pourris par l'oïdium aux vendanges; il y en a toujours eu de pourris, même dans les vignes des maîtres les plus habiles de l'ordre répressif, qui par amour-propre et par point d'honneur devaient y apporter tous leurs soins. — Ils en étaient si fort convaincus, que depuis trois ans ils avaient pris le parti de soufrer préventivement, même des vignes non encore attaquées.

Si les plus habiles eux-mêmes n'ont pu se sauver, on doit penser ce qu'il a dû advenir pour les propriétaires peu instruits, peu soigneux et livrés à des mercenaires.

On sait, et depuis cinq ans nous l'avons incessamment constaté, comme M. Marès l'a constaté lui-même l'an dernier, que surpris par les invasions de juillet, ils ont multiplié les soufrages à l'infini jusques à la fin d'août sans pouvoir se sauver et la pluspart en perdant la moitié ou les trois-quarts de leur récolte.

On finit donc par dépenser plus que nous et cela inutilement.

Quant au soufre, nous sommes les seuls qui ayons prôné et proclamé le soufre brut trituré comme le meilleur, et les seuls qui recommandions son emploi exclusif.

Notre *Guide* a prouvé que la sublimation met à la charge de la viticulture une dépense de 6 à 7 fr. par cent kilogrammes tout à fait inutile et, qui plus est, très nuisible dans bien des cas. C'est une vérité aujourd'hui incontestable, comme il est certain que par la forme et par la nature de ses particules, le trituré sans être plus dispendieux, en appropriant les instruments en conséquence, est plus énergique et adhère mieux que le sublimé ou fleur de soufre.

Pour les instruments de soufrage, bien que considérant ces détails comme accessoires, nous avons aussi recherché néanmoins la perfection.

Toutes les autres méthodes ne conseillent qu'un seul instrument : le soufflet, dont les divers modèles ne sont que des modifications du Soufflet Gontier. Nous avons conseillé celui qui est jusqu'à ce jour incontestablement le meilleur par sa simplicité, par sa commodité et par l'économie, en appropriant son débit à la finesse et à la nature des poudres employées : le Soufflet-Granal.

Mais nous avons recommandé avant tout la boîte à sablier telle que l'inventa M. Laforgue en 1852, instrument reconnu depuis sept ans comme le plus utile, employé par la très grande majorité des viticulteurs du Midi.

La boîte-sablier est incontestablement préférable pour le traitement des vignes anéanties, pour les premières opérations sur les pousses offrant des surfaces peu étendues, pour les dernières opérations où il faut soufrer surtout les raisins. Dans ce cas le soufflet disperse trop la poudre et il y en a beaucoup de perdue inutilement.

Le soufflet est bon pour les soufrages du 15 juin au 5 juillet sur les ceps offrant assez de surface pour utiliser son débit. Il est bon pour les arbustes, les légumes et pour toutes les plantes dont la surface est étendue.

Nous avons donc conseillé à nos soufreurs de se munir à la fois de boîtes et de soufflets, pour se servir de l'un ou de l'autre instrument, suivant que le cas l'indiquera, sûrs ainsi de ne l'employer qu'avec la plus grande économie possible.

Il est donc évident, qu'en attendant les invasions et exposant le viticulteur à multiplier indéfiniment les soufrages sans utilité,

Qu'en prescrivant l'emploi exclusif du soufflet très onéreux sous bien des rapports,

Qu'en prescrivant l'emploi du sublimé, beaucoup moins énergique et plus cher que le trituré,

Toutes les méthodes répressives sont beaucoup plus dispendieuses que notre méthode préventive.

Nous ne parlons ici que de la dépense matérielle, monétaire; mais ces méthodes répressives ont des inconvénients bien autrement graves et désastreux résultant de ces prescriptions :

Elles exposent le vigneron à perdre une grande partie, sinon la totalité de sa récolte;

A ne pas profiter des bienfaits incontestables du soufre, comme agent de végétation sur les jeunes pousses;

A perdre ses bienfaits comme assurant la floraison ;

A ne récolter que du vin empesté;

A perpétuer indéfiniment le fléau en laissant toujours des germes d'infection aux vendanges.

On pourrait à ces inconvénients en joindre beaucoup d'autres, mais ceux qui précèdent sont bien assez concluants et effrayants.

Ces indications, on le remarquera, ne sont pas des suppositions théoriques, elles sont le résultat des expériences générales faites sur la plus immense échelle connue.

Nul vignoble dans le monde entier n'a été plus gravement et plus constamment éprouvé que le Midi par l'oïdium, nul n'a fait un usage plus général de soufre pour le combattre.

Dans ce vaste vignoble du littoral méridional, le département de l'Hérault est en première ligne et figure dans la statistique comme le plus fort producteur de vin de l'Empire.—Il a produit, en 1858, d'après les documents officiels, près de sept millions d'hectolitres de vin.

Sur cette production énorme des quatre arrondissements du département de l'Hérault, l'arrondissemeut de Béziers en produit à lui seul plus de la moitié. —L'expérience a donc été faite sur le département et sur l'arrondissement, les plus forts producteurs vinaires de la France et probablement du monde entier.

Elle a été faite pendant neuf années consécutives, car dès 1851, Frontignan perdit sa récolte par l'oïdium.

M. Laforgue est le seul, ne l'oublions pas, qui, envahi par le fléau, en 1852, ne lui a pas permis jusqu'à ce jour de le priver de ses récoltes.

Nulle expérience dans le monde entier n'a donc pu être plus générale, plus décisive et plus concluante.

Depuis six ans surtout, il a été reconnu qu'en général les pertes plus ou moins considérables des récoltes doivent être principalement attribuées à l'économie, la légèreté et l'insuffisance des soufrages.

C'est contre ce danger capital que nous avons surtout voulu prémunir le viticulteur. Ce serait un étrange abus de mauvaise foi que de considérer ces sages recommandations spéciales, et réitérées à dessein, comme des conseils de prodigalité.

Par tout ce que nous venons de dire, il est évident qu'outre qu'en système absolu elle doit non seulement vaincre le fléau et le détruire complètement en peu d'années, notre méthode préventive, indépendamment de sa certitude mathématique, est en fait la plus économique dans son application.

EXAMEN

DU

RÉSUMÉ DES SÉANCES DES SOCIÉTÉS IMPÉRIALES DE PARIS.

I

Nous avons donné ce résumé que nos lecteurs ont sous leurs yeux, et nous avons dit d'abord que la généralité des sinistres provenant, dans presque toute la France, de la destruction des raisins pendant les chaleurs de l'été dernier, est un fait dont les fastes viticoles ne fournissent pas d'exemple. Sous ce rapport, il serait donc presque inutile d'en parler; mais les observations qui ont signalé sa discussion dans les séances des sociétés impériales touchent à des questions agricoles trop graves pour que nous ne devions pas y revenir en y consacrant un examen sérieux.

Tous les membres et les correspondants des sociétés sont unanimes pour constater les altérations qui ont détruit les raisins en leur donnant une couleur brun-rouge, mais personne n'a ajouté que ces altérations ne sont pas nouvelles. Depuis dix ans, en effet, on les remarque aux vendanges, en très grande quantité, dans toutes les vignes non soufrées ou soufrées répressivement.

Il faut même ajouter que ces altérations, qui sont un fait banal depuis six ans, sont accompagnées de circonstances très diverses et curieuses à observer. Quelquefois les grains sont crevassés et le raisin est réduit à l'état de squelette ; dans d'autres cas, il conserve sa forme, quoique vide, et, à la vue, on le dirait en parfaite santé.

C'est ce que tout le monde a pu observer comme nous depuis six ans. Nous avons constamment vu, fin août et en septembre, des raisins dont les grains avaient acquis toute leur grosseur possible et conservé leur belle forme, passés à la nuance brun-rouge ; des raisins qui, à les voir, paraissaient devoir peser une ou deux livres, et qui en réalité étaient complètement vides.

Cette particularité curieuse que nous observâmes, dès 1854, nous occupa longtemps. Nous cherchions à en trouver l'explication, nous l'avons trouvée et ce qui s'opère dans ce cas est le plus fort de tous les arguments en faveur de notre méthode préventive. Il est inutile d'entrer dans ces détails, tant que les méthodes répressives seront en honneur sans que leurs inconvénients évidents soient sérieusement discutés. N'ayons jusques-là recours qu'aux faits pour défendre nos principes, qui comme on le voit, sont le résultat de longues observations.

Il est évident, toutefois, que la citation de tous les faits incontestables qui précèdent eût été la réfutation de bien des propositions émises dans ces séances remarquables. En prouvant, en effet, que les altérations signalées s'opèrent sur des raisins arrivés à leur apogée de grosseur, qui n'ont été souvent envahis par l'oïdium qu'en août et septembre, on aurait vu que les chaleurs caniculaires n'étaient pas la seule cause de ce phénomène; que la question était complexe.

Les observations de MM. Bella, Duchartre et autres savants n'en sont pas moins justes et très intéressantes; seulement, les conséquences pratiques qu'on en tire nous paraissent fausses et dangereuses pour les viticulteurs peu instruits et peu convaincus. C'est la grande majorité.

Aussi, dans ces remarquables discussions, tout en rendant justice au mérite de chacun, M. Payen, l'honorable président, avec son esprit magistral d'analyse, nous paraît-il avoir le mieux résumé la situation lorsqu'il dit : « *Ainsi les altérations proviennent ou d'un soufrage trop intense, ou d'un soufrage appliqué sous l'action d'un soleil brûlant, ou enfin de soufrages trop tardifs.* »

Il ne résout rien sans doute, mais au moins il prouve que la question est complexe.

Le soufrage trop intense n'est pas d'abord une cause générale admissible, puisqu'il est prouvé que partout il y a eu des raisins grillés, même non soufrés.

Les soufrages trop tardifs ne peuvent pas non plus être applicables aux événements de l'été dernier, attendu que ces sinistres n'ont eu lieu que du 20 juin au 15 juillet.

L'*action du soleil* est une cause qu'on ne peut contester, puisqu'en général les raisins n'ont été brûlés que partiellement et toujours sur la partie exposée aux rayons solaires; mais, toutefois, on ne peut attribuer en terme absolu cette brûlure au soufre plus ou moins abondant, puisque les raisins non soufrés et exposés au soleil ont été également grillés.

Partout on a reconnu, comme ces Messieurs, que les raisins abrités par les feuilles ont été garantis ; cette vérité a été encore plus patente ici sur une immense échelle par le résultat des récoltes des divers domaines. Tous ceux dont les vignes sont, en général, d'une végétation luxuriante ont été bien moins frappés et ont produit une récolte proportionnellement plus forte que ceux dont les terrains sont en général maigres. Cette preuve générale est donc bien plus concluante que les observations exceptionnelles faites sur des treilles ou sur des cas isolés.

L'ardeur des rayons solaires est donc l'unique cause du mal et non la température qui est la même au-dessus comme au-dessous des feuilles. — D'ailleurs, le fait général qu'on peut voir partout en septembre, de ces altérations brun-rouge sur des raisins entiers, abrités ou non, prouve qu'elles peuvent être produites par des causes multiples.

Les sinistres de l'été dernier proviennent évidemment des coups de soleil par la raison qu'ils ont été instantanés comme une gelée blanche ; à chaque mauvaise journée, les grains étaient brûlés, flétris, ridés et racornis, absolument comme ceux des raisins qu'on plonge dans l'eau bouillante pour les convertir en raisins secs.

C'est donc un cas tout à fait spécial, et il est impossible d'en faire l'objet de recommandations pour changer des pratiques agricoles reconnues excellentes depuis dix ans.

M. Bella dit qu'on doit recommander de ne pas soufrer avec un temps chaud et sec.

M. Rose-Charmeux va plus loin, il en fait l'objet d'une prescription générale et absolue. Il recommande de ne soufrer que *le soir ou le matin et de ménager la quantité de soufre.*

Ce sont de mauvaises recommandations, croyons-nous, et voici pourquoi ; car à contredire les opinions d'hommes aussi éminents, il faut bien en préciser les motifs.

Le soufrage soir et matin ne remédierait d'abord en rien à la brûlure, attendu que les rayons solaires à leur apparition trouveraient toujours bien le soufre étalé sur les raisins qu'ils vont frapper. La précaution est donc de nul effet sous ce rapport.

Quant à ménager la quantité de poudre, ce conseil est très dangereux, parce que les viticulteurs n'y sont que trop portés naturellement, qu'il peut les porter à l'exagérer et à perdre leurs récoltes par insuffisance de soufrage.

La raison capitale d'ailleurs est que toutes ces recommandations sont impossibles en pratique et en grande culture, et qu'elles exposeraient celui qui voudrait les suivre à la perte des récoltes.

Il est constant qu'à l'époque des soufrages les bras manquent, et qu'on a toutes les peines du monde à terminer les opérations en temps utile en profitant des moments où l'atmosphère le permet. — Ne travailler qu'une partie du jour est une pratique agricole impossible dans ce cas. Que ferait-on des ouvriers pendant les moments d'abstention? D'ailleurs par cette abstention le temps qu'exigeraient les opérations serait évidemment doublé et triplé à une époque où elles sont souvent de la plus grande urgence, où l'on jetterait quelquefois l'argent à pleines mains si on pouvait les effectuer en un jour.

Ces recommandations seraient donc funestes si elles étaient suivies à la lettre, et il est bon de prévenir les viticulteurs du danger que ferait courir leur pratique en grande culture. On ne doit les considérer que comme des opinions théoriques, très intéressantes sans doute, dont le succès serait infaillible pour qui les appliquerait avec soin à une treille, à une vigne, et qui aurait tous les moyens à sa disposition pour les réaliser. En grande culture, elles sont impraticables et très dangereuses pour ceux qui se pénétreraient de leur esprit.

Au reste, tous les viticulteurs les pratiquèrent instantanément lors du sinistre. Aussitôt qu'ils virent les raisins grillés par la première journée fatale, ils l'attribuèrent en général, et fort mal à propos, au soufre; la plupart s'arrêtèrent, suspendirent leurs soufrages. Mais il n'était plus temps, le mal était fait et avait été instantané comme les sinistres résultant d'une gelée ou d'une grêle. A chaque journée de soleil torréfiant, il y eut de nouveaux raisins victimes de ce fléau exceptionnel, qu'ils fussent soufrés ou non soufrés, ce qui prouve évidemment que l'opinion de ces messieurs, tout intéressante qu'elle puisse être, est inapplicable à la grande culture.

Nous avons déjà expliqué, à dessein, l'importance de nos vastes vignobles du Midi, pour faire comprendre à ceux de nos lecteurs qui ne les connaissent pas combien les propositions que nous discutons sont impraticables dans le département de l'Hérault, par exemple, qui peut produire annuellement de six à huit millions d'hectolitres de vin.

C'est une observation capitale, on le voit, mais ce n'est pas la seule qui mérite une grande attention; il en est d'autres non moins importantes qu'on peut déduire des propositions émises dans ces intéressantes séances des sociétés impériales, et dont nous parlerons.

II.

M. Fabre, correspondant des Sociétés impériales, ne croit pas, dit la notice, qu'on doive attribuer au soufrage l'altération observée par M. Bella. Il croit qu'elle peut provenir de l'action seule du soleil. Il avait des treilles exposées au soleil, d'autres abritées; les premières ont été fortement envahies, et les secondes exemptes de l'altération spéciale. Ici, envahies se rapporte sans doute aux altérations et non à l'oïdium, ce qui serait une grosse hérésie en matière de soufrage. L'ombre n'est pas en effet un préservatif contre l'oïdium, elle le favorise au contraire.

M. Bella répond qu'ayant des vignes soufrées et non soufrées à la même exposition, les premières ont présenté des altérations et non les secondes. Il ajoute que, dans les vignes soufrées, les raisins abrités par les feuilles se sont maintenus en bon état. — Bien entendu, dirons-nous encore, qu'elles n'ont pas été envahies par l'oïdium dont l'ombre n'arrête jamais la marche funeste plus ou moins intense.

M. Duchartre a fait les mêmes observations. Elles sont justes, très rationnelles et pleinement confirmées par ce qu'on a observé ici dans nos immenses vignobles.

Mais cela n'empêche pas qu'on n'ait vu aussi énormément de raisins non soufrés fortement grillés, d'où on doit sagement conclure que le soufre serait calomnié si on lui attribuait tout le mal. Il convient de le blanchir de cette accusation qui lui ferait du tort dans l'opinion des viticulteurs. Dieu nous en garde! nous lui sommes trop redevables.

Voici un incident bien plus grave. M. Nadault de Buffon dit que, d'après les renseignements qu'il a reçus du Midi, l'oïdium y a exercé de grands ravages; que les vignes *soufrées légèrement* ont peu souffert et que celles qui ont été soufrées abondamment sont *presque entièrement perdues.* — C'est net, mais par trop inexact pour ne pas le rectifier dans l'intérêt du soufre et de la méthode préventive.

D'abord, il n'y a jamais eu depuis huit ans, dans le Midi, de vignes perdues par l'oïdium que parmi celles qui n'ont pas été soufrées ou traitées par notre méthode préventive; ceux qui l'ont suivie ont constamment sauvé l'intégralité de leur récolte pendante.

Nos soufreurs préventifs n'ont pas plus été grillés que les autres. Comme partout, l'intensité du sinistre de la brûlure n'a tenu pour eux qu'au plus ou moins d'abri des raisins. — Ils ne soufrent pas trop abondamment; ils veulent réussir et, comme nous le leur avons si bien expliqué depuis six ans, ils soufrent suffisamment pour ne pas s'exposer à être obligés d'y revenir, et à perdre leur récolte. — Ils n'aiment pas plus que tout autre à jeter leur argent inutilement.

Or, leur troisième soufrage préservatif était terminé dans

les premiers jours de juillet. Ils n'ont plus soufré jusqu'aux vendanges.

S'il y a eu des vignes perdues, ce qui est très vrai, et il y en avait énormément dans ce cas ou jaunissant en septembre du soufre dont elles étaient couvertes, elles ne peuvent donc appartenir à nos soufreurs préventifs.

Ceci nous conduit naturellement aux précieux enseignements que nous donne le très honorable M. Nadault de Buffon ; il ajoute en effet : « *qu'à Thoméry, en* 1857, *on a fait de grandes pertes pour avoir trop soufré ; que le soufre a donné au raisin un goût désagréable qui a empêché de le vendre.* »

Voilà un bien cruel pavé dans le jardin du très honorable et très habile M. Rose-Charmeux qui affirmait plus haut que, depuis 1847, les vignes de Thoméry sont *généralement préservées par le soufrage.*

Qu'il soit bien entendu ici que nous sommes plein de respect pour l'honorabilité et les lumières de tous ces savants. Cela n'aurait pas besoin de se dire sans doute ; mais on sait que la mauvaise foi nous a accusé plusieurs fois publiquement depuis cinq ans d'irrévérence envers eux. Cette protestation est donc pour nous une nécessité. Nous discutons uniquement des doctrines agricoles et il faut bien combattre celles que nous croyons mauvaises, de quelque source élevée qu'elles émanent ; plus elles partent de haut, plus nous devons les détruire si les faits sont contre elles.

M. Nadault de Buffon rend un très grand service à la

viticulture en faisant connaître les insuccès de Thoméry. D'après le premier rapport de M. Rose-Charmeux à la Société d'horticulture et celui publié par M. Victor Rendu en 1854 dans le *Moniteur*, on pouvait croire que les treilles et la nature de leur culture étaient une exception à la règle générale. Nous l'avons cru nous-même, car, depuis cinq ans, tout en combattant comme funeste aux hautains et détestable en principe le conseil qu'on donnait de ne faire le troisième soufrage qu'à la fin de juillet, nous admettions les succès annoncés comme constants et comme une exception spéciale. — Aujourd'hui il n'y a plus de doute, le prétendu privilége tombe. Les treilles et les chasselas rentrent dans la loi commune. La méthode de M. Rose-Charmeux est évidemment *répressive* et mauvaise, en fait, comme toutes les méthodes de cet ordre.

On n'a fait de grandes pertes de récolte, on n'a eu du vin soufré à Thoméry, que parce qu'on s'est laissé envahir par l'oïdium en arrière saison et que, par conséquent, comme ici, on a été forcé de multiplier les soufrages en été qui ont produit cet effet.

Nous invoquerons un témoignage irrécusable. M. Marès, secrétaire de la Société centrale d'agriculture de l'Hérault, a publié ces faits très explicitement dans le *Languedocien* avant les vendanges. Les plus habiles promoteurs eux-mêmes des méthodes répressives ont eu une récolte médiocre pour ces causes, de beaucoup inférieure en quantité à celle de nos soufreurs préventifs que nous pouvons citer.

Ce sont des faits. On peut le voir, le vin est encore dans les caves ou récemment vendu.

Or, M. Laforgue, depuis huit ans, a sauvé tous les raisins que les divers accidents atmosphériques ont laissés sur ses souches. Il n'a jamais eu de vin ayant le goût de soufre. Tous ceux qui ont suivi notre méthode préventive sont dans le même cas.

Il est donc évident que, comme nous le disons chaque jour à satiété depuis cinq ans, on n'éprouve d'insuccès plus ou moins grands, n'importe le climat, le cépage, le mode de culture, que parce qu'on s'écarte des règles de soufrage que nous avons si formellement et si nettement établies dans notre *Guide*, et qui ont été admirablement résumées en peu de mots par le très honorable M. Payen.

Notre système est donc la vérité, une vérité scientifique puisqu'il n'y a pas d'objection sérieuse contre lui.

Il est de toute évidence que la méthode de M. Rose-Charmeux qui produit les insuccès de Thoméry, comme nous l'avions prévu depuis quatre ans, que toutes les méthodes répressives qui attendent les invasions en juillet, sont mauvaises, puisqu'elles exposent à faire perdre les récoltes et à perpétuer le fléau par les germes qu'elles laissent aux vendanges.

De cette déclaration consciencieuse concluerait-on, comme on l'a déjà fait, que nous dédaignons les précieux travaux des éminents promoteurs de ces méthodes ? Ce serait une calomnie. Par la raison que nous y avons consacré nos peines, nos veilles et notre intelligence depuis dix ans, nul n'admirera et ne glorifiera plus que nous tout ce qu'ils ont fait pour concourir à la délivrance du fléau épouvantable dont les savants du monde entier sont occupés depuis quinze ans.

Etranger à tout esprit de parti ou de coterie, nous n'avons en vue que le bien de la viticulture et de l'humanité. Nous pouvons donc exprimer notre opinion franchement et sans ambages.

S'il s'agit de glorifier tous ces hommes généreux qui se sont dévoués pour l'humanité, nous serons le premier à battre des mains, ils n'auront pas de plus vifs admirateurs que nous; mais continuer de soutenir leurs préceptes s'ils sont dépassés par le progrès et reconnus aujourd'hui mauvais, nous ne le ferions jamais. Notre conscience, comme celle de tous les honnêtes gens, en serait révoltée; il ne nous arriverait jamais, à propos d'une pratique agricole capitale, de mettre en évidence et de placer en première ligne, ce qui est recommander leurs principes au public, ceux dont les préceptes spéciaux font notoirement perdre les récoltes, et de tenir dans l'ombre ceux dont les préceptes, opposés depuis huit ans à tous les autres, sauvent les récoltes avec une notoriété incontestée.

Nous sommes intimement convaincu que les milliards que la viticulture et l'humanité ont perdus depuis six ans par l'oïdium doivent peser sur la conscience de ceux qui, de près ou de loin, directement ou indirectement, ont prôné les doctrines funestes et contribué à étouffer, à tenir dans l'ombre les doctrines qui auraient incontestablement évité ces grands désastres publics.

Quand l'humanité et la fortune publique sont en question,

toute considération de personnes, de position, d'influence, de coterie devient en quelque sorte criminelle.

Si demain un M. Paul quelconque trouvait un moyen meilleur que le nôtre, reconnu tel par les faits les plus patents, nous dirions aux viticulteurs : vous devez une très grande reconnaissance à tous lss hommes généreux qui ont travaillé à votre délivrance, depuis Kyle et Tucker, sans en omettre un seul; mais, de même qu'il serait absurde de soufrer comme ces derniers en mouillant les pampres et sans précision d'époques, oubliez les préceptes de ces hommes généreux pour adopter comme nous ceux de M. Paul qui sont reconnus jusqu'à ce jour les meilleurs.

Si un autre, quel qu'il soit, trouve mieux encore, nous vous ferons la même recommandation.

Le progrès est infini comme la Divinité de laquelle il émane.

COMPLÉMENT

DES

DISCUSSIONS PRÉCÉDENTES.

Nous croyons devoir donner ici un spécimen du ton de notre polémique au plus fort de la lutte où nous étions violemment attaqué. On nous a accusé très souvent et très injustement, on le sait, d'attaquer les savants avec une irrévérence qui les obligeait à ne pas répondre. Il est vrai que très souvent ils n'ont pas répondu à des arguments irréfutables, quoique pleins d'urbanité et de respect ; on va en voir la preuve. Mais ce silence n'est pas du tout concluant pour nous, il s'agirait avant tout de savoir s'il ne proviendrait pas des renseignements reçus malveillants, faux ou injustes, contre le mérite des adversaires.

Pour faire voir quelle était notre polémique à cette époque de lutte, nous allons insérer notre réponse à un très long travail de M. L. Figuier, où la méthode préventive était dédaignée et fortement attaquée, sans qu'on ait daigné mentionner ni M. Laforgue ni nous qui étions spécialement critiqué.

C'était en 1857, au plus fort de la lutte. On verra si dans cette réponse nous nous sommes écarté le moins du monde des formes d'urbanité, de courtoisie, de convenance, et si, bien que vivement attaqué, nous ne sommes pas toujours resté dans les bornes d'une polémique vive mais modérée et forte, comme on le doit qnand, profondément convaincu de la raison et de la vérité, on ne veut pas les laisser fausser par des injustices et des sophismes.

Cette insertion a un autre but d'une haute gravité dans ces discussions; en effet, publiées il y a trois ans et demi, nous traitions avec étendue des questions capitales sur les propriétés merveilleuses du soufre comme engrais, ou du moins comme agent prodigieux de végétation ; car nous ne discuterons pas ici les mots, nous ne tenons qu'à la chose, aux faits. Or il est certain que les effets du soufre sur la végétation sont prodigieux et que nous sommes les premiers qui avons révélé dès 1853 cette propriété admirable, non encore connue scientifiquement, mais sur laquelle notre certitude a été incessamment corroborée pendant six années d'études sur des expériences constantes.

Nous en parlerons spécialement dans une note à la suite de cette réponse, importante puisqu'elle relève des tentatives à des prétentions de découvertes trouvées depuis trois ans et constatée par des faits matériels.

Cet échantillon de discussion très sérieuse édifiera

suffisamment les lecteurs sur les moyens auxquels on a eu recours dans cette lutte de six ans pour annihiler les adversaires, pour s'opposer à des doctrines que les Sociétés Impériales de Paris viennent enfin de proclamer les meilleures.

LE SOUFRAGE DES VIGNES

ET M. L. FIGUIER.

1857.

M. Louis Figuier, rédacteur ordinaire du bulletin scientifique dans le journal *la Presse*, vient de publier le 28 octobre, dans ce journal, un très long article de cinq grandes colonnes qu'avec la meilleure volonté on ne peut laisser passer sans réponse, tant il est plein d'étranges appréciations, de fausses doctrines au sujet du soufrage des vignes, et d'injustices, ce qu'il y a de pire.

M. Louis Figuier a beaucoup de talent et de savoir, nous nous empressons de le reconnaître. Pour nous, notre département, le Midi, et le monde entier n'ont qu'un seul clocher au point de vue scientifique. C'est précisément parce que notre compatriote a un grand talent reconnu, que ses erreurs sont plus dangereuses et plus regrettables, surtout propagées par la très grande publicité du journal qui les renferme.

Nous n'essayerons pas de relever toutes les inexactitudes du très long travail de l'auteur, ce qui nous entraînerait trop loin, mais seulement les erreurs et les fausses doctrines principales que nous combattrons par les faits. La vérité et les faits réduisent à leur valeur réelle tous les écrits, même les plus habiles.

C'est dans l'arrondissement de Montpellier son pays natal, dans la contrée de Gigean et de Cette, *dans le centre de production de vin le plus riche du monde entier,* dit-il, que M. Figuier est venu passer quelques semaines pour faire ses observations. Le lieu était bien mal choisi, attendu qu'à part quelques rares propriétaires intelligents, l'arrondissement de Montpellier est notoirement le plus arriéré de notre département en matière de soufrage. Nous avons vu cette année, en 1857, quantité de propriétaires du côté de Cette, qui non seulement n'avaient pas soufré, mais ne croyaient pas encore à l'efficacité radicale du soufrage.

C'est dans l'arrondissement de Béziers, dans les immenses vignobles de Béziers à Olonzac, c'est dans les environs de *Quarante* qu'il aurait vu bien d'autres merveilles que celles qu'il raconte et qui y sont pratiquées en grand depuis six ans, depuis la première apparition de la maladie; c'est là qu'il aurait vu tous les enfants de 8 à 10 ans lui expliquer l'absurdité des mauvaises doctrines qu'on répand encore.

Il parle de ce qu'il a vu chez M. Bouscaren, *un des premiers cultivateurs du midi.* M. Bouscaren est un bon agriculteur, mais il n'est pas connu pour avoir fait faire un seul pas dans cette question. Nous ne trouverions rien à dire à cette politesse de l'auteur pour son hôte et son ami, si le nom de M. Bouscaren ne figurait pas déjà dans les livres de M. Marès et dans le rapport du concours de M. Barral, comme ayant des droits à la reconnaissance publique, tandis que beaucoup d'autres noms devraient à cet égard passer avant le sien. Plus on exalte avec raison l'immensité des résultats de cette découverte, plus on doit être scrupuleux pour signaler les noms de ceux à qui la reconnaissance publique est réellement due.

M. Figuier cite la conversion d'un agriculteur *en grand crédit,* un des plus ardents adversaires du soufrage. M. Cazalis-Allut dont il est ici question, n'avait pas réussi d'abord parce qu'il avait mal employé le soufre, d'après les doctrines soutenues depuis par M. Marès; l'insuccès devait faire douter cet honnête agronome, praticien le plus érudit de la société d'agriculture; mais quand il a soufré aux époques voulues, il a réussi et reconnu publiquement et sans amour propre son erreur, ce qui a ajouté à la juste considération qui est due à ses lumières et à son caractère. M. Cazalis a rendu complète justice à M. Laforgue, il l'a publié dans le bulletin de la société d'agriculture qu'on cite pour toute autre chose, excepté pour cela. Il a déclaré *regrettable que M. Marès n'eût pas fait un ou deux ans plutôt* la visite qu'il fit des vignobles de M. Laforgue en décembre 1854, visite à la suite de laquelle il soufra, en 1855, pour la première fois, toutes ses vignes [1].

Venant à la pratique du soufrage, M. Figuier s'exprime ainsi:

[1] Cette déclaration de M. le président en séance publique, et écrite, est la plus éclatante preuve de la priorité de M. Laforgue, puisqu'elle établit incontestablement qu'il avait soufré à sec tout son vignoble préventivement en 1852.

Note du rédacteur. A. V.

« Une seule règle résume toutes les instructions à donner à cet égard. *Il faut soufrer la vigne toutes les fois que l'oïdium apparaît.* »

C'est la doctrine fondamentale des écrits de M. Marès ; elle est fausse et a été funeste à presque tous ceux qui l'ont suivie. Quand la maladie ne paraît qu'en juillet, ce qui arrive le plus souvent, les soufrages les plus répétés sont impuissants à la vaincre. Des milliers d'expériences en grand l'ont prouvé cette année.

Cette fausse doctrine est tout l'opposé de la méthode préventive et préservatrice de M. Laforgue et la nôtre, adoptée par les sept huitièmes des propriétaires du midi cette année et qui le sera par tous l'an prochain. Cette méthode, M. Figuier la connaît, car nous avons eu l'honneur de lui adresser notre *Guide* et tous les journaux où nous avons traité avec étendue cette question. Ce n'est donc pas par ignorance qu'il pèche et induit les viticulteurs en erreur, c'est pour trop céder à l'amitié et à la camaraderie de clocher. Voilà ce que nous regrettons. Un savant de la valeur de M. Figuier devrait tout dire, quand il s'agit de la fortune publique et non d'une vaine question d'amour propre.

Ainsi, il affirme que « *le* SEUL *mode de soufrage dont la réussite soit assurée et le* SEUL *auquel on ait eu recours dans le Midi, c'est le soufrage à sec pratiqué au moyen du soufflet.* »

Or, la vérité notoire est qu'on a employé cette année dans le Midi quarante ou cinquante fois plus de boîtes du système Laforgue, inventées par lui en 1852, qu'on n'a employé de soufflets de toute nature ; que les viticulteurs intelligents ont presque tous laissé les soufflets dans leurs greniers pour adopter la boîte avec laquelle les succès les plus complets ont été obtenus, tandis que la plupart de ceux qui n'ont pas complètement réussi se servaient du soufflet.

M. Figuier parle, il le fallait bien, du système *préventif*, mais il condamne cette dénomination biterroise, à laquelle il propose de substituer le mot *anticipé*, qui n'a aucune signification.

Or, c'est précisément ce que nous avons voulu éviter en qualifiant notre système de *préventif* et de *préservatif*, en opposition au système de l'*apparition*, bien mal à propos soutenu encore aujourd'hui par M. Figuier, et que nous avions qualifié de *répressif*; dénominations très catégoriques, qui exprimaient supérieurement la différence radicale des deux systèmes.

Le système *préventif* a été employé avec le succès le plus complet par M. Laforgue en 1852, et depuis par tous ceux qui l'ont imité. Constatant et suivant leurs succès dans nos discussions journalières, et voyant d'un autre côté qu'on répandait dans le public des doctrines fausses, nous vîmes bientôt que, pour arriver au bien immense que nous avons obtenu, il ne suffirait plus de dire : imitez M. Laforgue; qu'il fallait convaincre le public par le raisonnement, et le prémunir contre les mauvais conseils qui, par leur origine, pouvaient avoir plus de crédit que les nôtres. Ce fut alors que nous résolûmes de donner dans nos discussions journalières un corps de doctrine au système que nous appelâmes *préventif*, que nous formulâmes plus tard dans notre *Guide*; et nous allons faire voir que ces doctrines n'ont pas été formulées à la légère, mais après mûre réflexion.

Comme M. Marès, M. Figuier prétend que le soufre ne prévient pas la maladie. Il a tort : qu'on soufre une partie quelconque de vigne attaquée ou non par l'oïdium, pendant quinze ou vingt jours, on est sûr que l'oïdium n'attaquera pas la partie soufrée.

Le soufre est donc un agent à la fois *curatif* et *préventif ;* c'est cette dernière propriété qui est la base de notre système. Personne avant nous n'avait apprécié l'immense parti qu'on pouvait en tirer pour la préservation certaine, radicale de la vigne. Nous ne pouvons entrer ici dans plus de détails ; il suffit de dire que nous en sommes venus, par trois soufrages opérés du 25 mai au 10 juillet, qui ne préoccupent le viticulteur que pendant cinquante jours, à *préserver* sûrement, radicalement les vignes ; ce qu'aucun autre système ne peut obtenir avec cette certitude mathématique.

Notre dénomination est donc très juste, et ce serait une ingratitude que d'attaquer des mots si bien appropriés, qu'ils semblent avoir été inventés pour être mis là.

M. Figuier considère, en un mot, le soufrage des vignes comme une pratique par laquelle on peut arriver à un succès complet par divers moyens. Nous en avons fait un axiome scientifique.

Quant au soufre sublimé, M. Figuier le proscrit « *par ce motif qu'il contient presque toujours de l'acide sulfurique libre, composé très nuisible à la végétation.* » Il conseille l'emploi du soufre trituré; et nous ne saurions trop le louer de s'être si fortement prononcé pour cette vérité, qui fera économiser de nombreux millions à la viticulture. C'est ce que nous soutenons seuls depuis deux ans contre M. Marès, qui dans tous ses écrits, et jusques en juin dernier, dans sa lettre à M. Barral, que nous avons relevée, a toujours soutenu la thèse contraire, et conseillé l'emploi du soufre sublimé comme préférable et plus avantageux.

M. Figuier s'extasie avec raison sur les merveilles du soufrage pendant la floraison d'un grand nombre de végétaux, et à ce sujet il fait une longue citation de M. Marès « *à qui l'on doit,* dit il, *les premières observations sur ces nouveaux faits.* » Ceci est par trop fort; M. Marès n'a rendu compte qu'en 1857 des expériences qu'il a faites en 1856, expériences que nous avons signalées et conseillées depuis trois ans, et qu'un très grand nombre de propriétaires avaient faites plusieurs années avant lui. Nous avons des dates certaines avec les collections de l'*Indicateur,* lu par tous les viticulteurs intelligents du Midi abonnés, ou dans les cercles et cafés. D'ailleurs, le soufrage pendant la floraison est pratiqué par M. Laforgue et par tous les soufreurs préventifs depuis six ans, et nous avons été jusqu'à dire qu'il était la condition *sine quâ non* des succès complets, bien longtemps avant que M. Marès ne songeât à faire ses expériences récentes.

L'effet merveilleux de stimulation que produit le soufre sur la végétation, cette *influence étonnante qu'il exerce sur la formation, le développement et la qualité du raisin,* ont été dignement appréciés par M. Figuier, avec l'enthousiasme que mérite cette prodigieuse découverte méridionale; mais il ne dit nullement qu'elle est due à nos soufreurs préventifs, employant par système le soufre, de mai au cinq juillet. Ce ne sont pas ceux qui soufrent après l'apparition de la maladie qui l'ont trouvée, attendu que de juillet en septembre le bois est fait et ne peut plus profiter de cette ressource prodigieuse qu'ils ne devaient pas connaître, puisqu'ils ont fait la faute énorme de n'en pas tirer parti jusqu'à ce jour en maintenant leur absurde système de l'*apparition*.

Ils n'ont fait des expériences à ce sujet qu'en 1856-57, et M. Cazalis-Allut a fait les plus remarquables et les plus concluantes à Montpellier; mais nous avions la certitude de cette merveille trois ans avant, et nous l'avons divulguée. Ici les faits ne permettent pas le doute.

En 1853, M. Marès et tous ses collègues, qui ne connaissaient pas alors le soufrage, conseillaient de greffer, de ne pas planter et d'arracher les cépages de Carignan, sous prétexte que ce cépage était le plus sujet à la maladie qu'il communiquait aux autres, et que M. Marès qualifiait de *porte-graine* de l'oïdium.

M. Laforgue, connaissant depuis 1852 les propriétés du soufre, planta dix hectares en sarments de ce cépage maudit, pour prouver la funeste erreur de ces conseils, malheureusement trop suivis, et pour démontrer ce qu'on peut attendre de l'action prodigieuse du soufre sur la végétation. Il a soufré chaque année dans ce but ces plantiers, quoique ne portant pas de fruit, et voici le prodigieux résultat obtenu.

Dans la nature de terrains plantés par M. Laforgue, les jeunes plantiers ne commencent à être en rapport qu'à sept ou huit ans.

En 1857, ceux dont il est ici question n'étaient qu'à leur quatrième feuille; la récolte de cette année en a été si prodigieuse, qu'elle a produit par hectare de trois à quatre fois autant de vin qu'en produisent les plantiers ordinaires dans les mêmes terrains et à l'âge de huit à neuf ans. Les souches sont énormes; il y a des sarments de quatre mètres de longueur. On peut les voir; un très grand nombre d'habiles viticulteurs ont visité, sur notre invitation réitérée, la prodigieuse récolte sur pied, et parmi eux des conseillers à la cour impériale de Montpellier qui peuvent en rendre témoignage.

Par cette merveilleuse expérience suivie avec persistance pendant quatre ans, et que nous avons signalée dans notre *Guide* il y a près de deux ans, M. Laforgue et nous, avons prouvé ce qu'on peut attendre du soufre comme fertilisateur; nous avons démontré qu'on peut accroître du double la venue des jeunes arbustes et diminuer de plus de moitié le temps qu'ils mettent ordinairement à être en rapport.

C'est-à-dire, qu'en tenant compte des propositions suivantes approximativement vraies : que la France possède environ deux millions d'hectares de vignes, que la récolte annuelle est d'une valeur de 500 millions de francs et que les vignes sont replantées en moyenne tous les 80 ans, — cette découverte fera gagner, à la viticulture française seulement, trois récoltes ou 1,500 millions de francs tous les 80 ans, et *quatre milliards et demi* si on considère l'énormité exceptionnelle du produit.

C'est donc une immense découverte, surtout si on apprécie sa prodigieuse portée à l'égard de toutes les autres cultures.

Ici, il n'y a pas moyen que personne puisse se l'attribuer ; cette expérience si complète et authentique, est la seule au monde qui ait été faite avec intention spéciale, et la récolte de cette année donne une date incontestable à l'époque de la plantation en 1853 [1].

Tout ce que dit M. Figuier des immenses résultats de ces découvertes, pour tant que les termes en soient enthousiastes, est encore au-dessous de la réalité. Ce que nous lui reprochons, c'est de ne pas les attribuer aux véritables inventeurs. Il les attribue à la science ; le lot de la science est assez beau pour ne pas le grossir aux dépens du mérite d'autrui, ce qui serait une faute. Depuis onze ans, les savants ont fait des théories aussi innombrables que vaines ; ils ont, armés d'excellents microscopes, parfaitement décrit l'oïdium ; mais pour la guérison pratique qui était le point capital, pour les découvertes des merveilleuses propriétés du soufre, ce sont des agriculteurs praticiens qui ont absolument tout trouvé. Nous ne connaissons que trois ou quatre praticiens qui aient fait faire des progrès réels en fait de soufrage pour arriver à la vérité absolue, aujourd'hui connue de tout le monde dans le Midi.

[1] Voir notre note spéciale, à la fin.

A. V.

Kyle a trouvé le premier la propriété curative du soufre en mouillant les pampres; M. Duchartre n'a rien fait que l'*imiter*. — M. Gontier, en l'imitant aussi d'abord, a inventé le soufflet et a étendu le soufrage, sans précision il est vrai, à la grande culture. — M. de La Vergne, à Bordeaux en 1853 et 1854, a appliqué le soufrage à sec et a observé la propriété préventive du soufre, sans en faire un système.

En dehors de ces progrès, quelque juste mérite qu'on veuille accorder aux auteurs, il n'y a eu que tentatives vaines ou répétitions d'expériences précédemment faites par autrui.

M. Laforgue, seul, a appliqué le soufrage à sec à la grande culture dès 1852 et avec le succès le plus complet pendant six ans. Il a inventé sa boîte généralement adoptée depuis.

La méthode *préventive* est la seule qui puisse préserver les vignes avec une précision et une certitude mathématique absolue; l'an prochain elle sera pratiquée par la généralité des viticulteurs du Midi.

Et M. Figuier qui vient du Midi n'a pas seulement nommé M. Laforgue!.... Il cite ceux qui n'ont absolument fait faire aucun progrès. M. Marès, il faut bien le dire, auquel ses amis ont fait par la publicité une part beaucoup trop large, n'a absolument rien inventé ou trouvé de nouveau ni en théorie ni en pratique. On ne citera rien de bon dans tous ses écrits qui ne soit la reproductien d'idées d'autrui ou d'expériences qu'il a faites après d'autres praticiens. Il n'y a ajouté de son crû que de fausses doctrines sur le soufre, sur les soufflets et sur la pratique agricole; doctrines qui ont fait faire des pertes immenses depuis *deux ans* seulement qu'elles ont été publiées et prônées, car il n'a commencé de soufrer en grand qu'en 1855; doctrines réprouvées aujourd'hui par la presque totalité des viticulteurs du Midi.

Il nous en coûte de publier cette vérité contre un compatriote, mais on nous y force par cette persistance inouie à exalter son mérite aux dépens d'autrui, ce qui a le très grave inconvénient de donner du crédit à ces fausses doctrines qui devraient être généralement condamnées avec autant de publicité qu'on en emploie pour les soutenir; on nous y force par cette obstination à taire le nom de ceux qui ont tout fait et pour lesquels nos populations en masse et celles des départements voisins expriment solennellement leur reconnaissance [1].

[1] Depuis cette réponse, publiée dans l'*Indicateur*, qui lui a été adressée, il y a près de trois ans, M. Figuier n'a encore rien rectifié de ses erreurs, dans les notices chronologiques de l'Annuaire scientifique.

A. Vialles.

NOTE SPÉCIALE

SUR

LA PROPRIÉTÉ DU SOUFRE

COMME ENGRAIS OU AGENT STIMULANT.

Bien que, dans notre réponse à M. L. Figuier, nous ayons tout rapporté à M. Laforgue, selon notre habitude constante à cette époque, il n'en est pas moins vrai qu'en 1854 et 1853 nous faisions les mêmes expériences sur ces propriétés merveilleuses du soufre, avec d'autres agriculteurs, nos amis, qui les pratiquaient sur nos indications.

Non seulement, comme M. Laforgue, nous avons expérimenté sur la vigne, mais sur une infinité d'arbres, d'arbustes et de végétaux de toute nature, et nous avons trouvé des résultats prodigieux tous consignés, dont la classification sera très précieuse, quand nous aurons le loisir de la faire, par l'indication des espèces spéciales qui sont le plus sensibles à cette action merveilleuse du soufre sous ce rapport.

Nous avons même fait des expériences, d'une certitude la plus concluante, pour la floraison d'arbres fruitiers sur la totalité d'un verger nombreux, dont toutes les branches croulaient plus tard sous le poids du fruit, tandis que, dans la commune et dans la contrée, le fruit, cette année-là, avait complètement manqué.

Dans notre franchise loyale pour le bien public, nous avions consigné successivement tous ces faits dans l'*Indicateur*, et c'est sans doute à cette divulgation, dont personne au monde n'avait seulement eu soupçon à cette époque, que sont dues les expériences à ce sujet de M. Marès, en 1856 et 1857, dont parle M. L. Figuier, tout comme celles de M. Cazalis-Allut, bien autrement remarquables, et dont nous exaltâmes alors avec raison le grand mérite dans la joie que nous en éprouvions. M. Cazalis-Allut donna, en effet, dans cette circonstance, comme dans bien d'autres, un exemple de droiture et d'honnêteté qu'on ne saurait assez louer. En 1855 et en 1856, il ne croyait pas à l'efficacité curative du soufre ; nous ne lui en faisons pas un reproche ; nous n'imiterons pas ceux qui se font un triste plaisir de reprocher aux autres leurs erreurs passées. Jusques alors M. Cazalis n'avait pas soufré aux époques voulues, et peut-être aussi avec un peu trop de parcimonie ; il n'avait pas réussi. Il ne croyait donc pas au soufrage, et, dans son honnêteté consciencieuse, il conseilla de ne pas soufrer. Ce conseil, il faut le dire, émanant de si haut, du président de la Société Centrale, fut malheureusement trop suivi et fit un mal immense. D'innombrables propriétaires ne soufrèrent pas, et d'incalculables millions furent perdus, en 1856, l'année même où nous faisions, avec M. Laforgue, la prodigieuse expérience solennelle sur le domaine des messieurs Genson.

Ce fut cette année-là même que M. Cazalis fit la belle expérience sur la floraison. Le résultat en fut si admirable qu'en s'empressant de le publier il déclara, tant il était convaincu, qu'il soufrerait dans tout état de cause avant la floraison, *quand même* ; c'était, en fait, la reconnaissance de la méthode préventive. C'est une abnégation d'amour-propre, un acte de droiture et d'honnêteté très honorable; nous en appréciâmes de suite tout le mérite, dont bien d'autres ne donnent pas l'exemple.

Nous savons que bien des gens ont reproché et reprochent encore à M. Cazalis-Allut les récoltes que son conseil leur a fait perdre; c'est une injustice et une indignité. On peut se tromper sur des points de pratique agricole qui n'ont pas encore été scientifiquement éclairés, on peut d'autant plus se tromper que souvent l'insuccès dépend de circonstances inconnues, comme c'était ici le cas. Avouer l'erreur, quand on la reconnaît, est toujours louable. Trop de gens ne savent pas s'y résigner, et persistent à conseiller l'erreur par amour-propre, ce qui est le pire.

Revenons à M. Figuier, après cette digression fort utile. Nous lui avons cité spécialement dans notre réponse l'expérience de la plantation de M. Laforgue, parce qu'elle est incontestable, au point de vue scientifique.

Les plantiers ayant été vus en 1857, à leur quatrième

feuille par une foule de viticulteurs éminents, la plantation et l'expérience remontent, sans conteste, à 1853.

Chaque année nous en suivions les prodiges; M. Laforgue était impatient de les faire connaître; mais, instruit par ce qui s'était passé en 1854, par prudence nous l'en avons dissuadé jusqu'à ce que la prodigieuse récolte de la quatrième feuille ait permis de le divulguer sans contestation possible, puisqu'elle ferait remonter l'expérience à 1853.

Les tentatives d'usurpation de priorité que M. Figuier a formulées lui-même, comme on vient de le voir en 1857, prouvent combien nous avions raison et combien il était utile de les relever. Si nous n'avions rien dit, la découverte passait à d'autres.

Nous irons plus loin aujourd'hui. On aurait tort de croire que, bien qu'obligés de nous taire avec le système en vigueur, nous en sommes restés là. Nous avons toujours marché et fait des pas de géant, des pas authentiquement constatés, dont bien des gens seront très étonnés.

Ce prodige de vignes plantées, et qui ne devraient être en plein rapport, dans un terrain donné, qu'à *huit* ans, donnant à *quatre* ans trois ou quatre fois plus de vin qu'elles n'en auraient donné à *huit* ans, nous l'avons doublé.

M. Laforgue a fait voir, en 1859, dans un terrain de côteau médiocre, un jeune plantier à sa seconde feuille, ayant des ceps de trois et quatre mètres de long, et qui, cette année, donnera à la troisième feuille une magnifique récolte; il l'a montré à M. l'inspecteur général de l'agriculture; M. Victor Rendu l'a vu et touché.

Qu'on sonde maintenant l'immensité de ce bienfait. Cinq récoltes vinaires gagnées sur une vigne, dont la durée est de quatre-vingts ans en moyenne!... Ce sont des milliards !

Voilà pourtant les prodiges que nous avons proclamés, depuis six ans, dans l'*Indicateur*, dans notre *Guide* et dans toutes nos brochures, qui ne nous ont valu que dédains, ennuis, critiques, de la part de gens qui ne comprenaient pas ou feignaient de ne pas comprendre !...

Le plus grand malheur, il faut le dire, c'est qu'on nous ait mis dans la nécessité absolue, par le système actuel, de ne pas dévoiler explicitement ces admirables progrès à mesure qu'ils nous apparaissaient. Quel chemin n'aurait-on pas fait depuis sept ans ! Que de richesses agricoles auraient été accumulées, qui ont été misérablement perdues !

Que la responsabilité en retombe sur ceux qui ont pratiqué et soutenu ces injustices contre ceux qui se dévouent pour le bien public.

Cet immense bienfait *pour l'agriculture générale*, non pas seulement pour la *Viticulture*, nous le proclamons catégoriquement pour prendre date, en attendant que le loisir nous permette d'en développer les merveilleuses conséquences.

Nous devons dire, en terminant, qu'on aurait tort de croire que tout le monde peut obtenir le même résultat, en jetant le soufre sans précision, sans intelligence. Tel n'obtiendra rien, ou peu, tandis que tel autre réalisera des merveilles. L'emploi du soufre, comme engrais et comme stimulant de végétation, va devenir un art très difficile et susceptible d'un enseignement profond, qui va ouvrir un champ immense à la science agricole.

A. VIALLES.

SUITE DES PIÈCES JUSTIFICATIVES.

Après notre réponse, si explicite et pleine de courtoisie aux attaques indirectes et mal déguisées de M. L. Figuier, notre habile et brillant compatriote, camarade par malheur de nos adversaires, nous ne pouvons mieux faire que de publier nos rapports et le ton de notre polémique avec M. Marès lui-même.

Qu'on se rassure ; nous n'irons pas chercher nos citations parmi tout ce qu'il y a eu de mauvais et de détestable en ce genre; car depuis six ans nous avons été chargés de toutes sortes d'iniquités ; on nous a accusés de mépris pour les savants qui ne prenaient pas même, disait-on, la peine de nous répondre, on nous a fait passer pour un folliculaire, on nous a fait subir toutes sortes de dégoûts.

Nous n'irons pas relever ces griefs; non, nous aurions trop beau jeu. Nous ne citerons que notre réponse à une lettre officielle de M. H. Marès, qu'il nous adressa nominativement, avec sommation d'insérer.

Cette lettre est antérieure de trois mois à l'attaque de M. L. Figuier, elle date de quatre ans, et on sera frappé des idées avancées que nous y avons nettement développées, idées qui précisaient par anticipation tous les progrès réalisés par l'expérience constante dans le midi, dans l'ouest et à l'étranger, pendant quatre années consécutives.

On y verra surtout avec quel calme, quelle bonne foi, quelle modération nous répondions à des attaques violentes et passionnées que rien ne justifie, quand il s'agit uniquement de doctrines agricoles et du bien public.

Voici ce document très-curieux :

Extrait de l'INDICATEUR du 20 août 1857.

Nous recevons la lettre suivante, que nous faisons suivre de notre réponse :

Montpellier, le 16 août 1857.

M. Vialles, rédacteur du Journal l'*Indicateur de l'Hérault*, à Béziers :

Monsieur,

Depuis près de deux ans que vous me faites l'honneur de m'attaquer et de me dénigrer systématiquement chaque semaine dans *votre feuille*, vous avez affirmé, à plusieurs reprises, que je n'avais jamais obtenu une réussite complète du soufrage de mes vignes.

Cette assertion est fausse, et vous deviez le savoir,

puisque des rapports officiels, sur l'état de mes vignes, en 1855, publiés dans les Bulletins de la Société d'Agriculture de l'Hérault (année 1856), constatent leur état florissant, et que *partout* la maladie de la vigne y a été combattue avec *un succès complet.* En 1856, le résultat a été le même. La notoriété publique est telle, à cet égard, qu'elle constitue contre vous une preuve accablante.

Cette année, mes soufrages ont encore réussi de la manière la plus remarquable ; je vous invite à venir vous en convaincre vous-même ; peut-être alors cesserez-vous de parler de l'état pitoyable où la maladie a mis mon vignoble et du mauvais succès de mes soufrages. Dans tous les cas, vous aurez été averti à temps pour que chacun puisse, s'il le désire, apprécier la confiance qu'il faut avoir dans vos assertions.

Je vous prie, Monsieur, *et au besoin vous requiers,* d'insérer cette lettre dans votre prochain numéro.

Recevez mes salutations empressées.

H. Marès.

Monsieur,

La réquisition était bien inutile ; tant que je tiendrai la plume dans des discussions publiques aussi sérieuses, je n'émettrai jamais sciemment des assertions fausses ; je sais, mieux que personne, qu'il n'y a pas de discussion possible sans franchise et bonne foi. Vous n'avez donc pas à vous gêner ; toutes les réclamations ou communications que vous auriez à nous faire seront insérées avec empressement, quelque acerbes qu'elles soient. Vous nous rendrez service en nous fournissant l'occasion de rectifier les erreurs que nous aurions pu commettre, et que nous ne soutiendrons jamais avec obstination.

Ici, vous me faites une mauvaise querelle, et, ce qu'il y a de pire, c'est que, pour y parvenir, vous me faites dire ce que je n'ai jamais dit. Je vous défie, en effet, de me citer une seule ligne, depuis deux ans, où j'aie explicitement affirmé que vos vignes ont été dans un état pitoyable en 1855 et 1856. Je n'ai pas pu le dire, parce que, sans les avoir vues, j'étais sûr du contraire ; je savais que vous aviez soufré, comme nous, préventivement, contrairement aux conseils que vous donnez au public dans votre Mémoire et dans vos Manuels ; vos vignes ont donc dû être belles.

Cette année, elles doivent l'être aussi ; je n'ai pas besoin de les voir pour en être certain, puisque je sais que vous avez commencé vos soufrages le 14 mai, onze jours avant M. Laforgue, et que vous les avez continués jusques en août, tandis que ce dernier a fini les siens dans les premiers jours de juillet.

Vos vignes doivent donc être belles, et vous le devez, pour la troisième fois, à la méthode préventive. Mais soufrer ne suffit pas ; il faut encore le faire avec intelligence, aux époques voulues, avec de bons instruments, et sans économie mal entendue de soufre, pour obtenir un succès *complet*. — J'entends par ce mot : des raisins absolument exempts d'oïdium, comme ils l'étaient en 1850. — Voilà le seul point en litige ; j'ai dit qu'aux deux vendanges précédentes vous n'aviez pas obtenu des succès complets, et de cela, j'en suis sûr. J'ai vu et tenu dans mes mains le corps du délit de l'oïdium ; et, pour qu'on ne puisse pas voir dans ce fait une sorte de guet-à-pens hostile, je dois dire franchement comment et pourquoi j'ai voulu m'en assurer.

Je savais comment vous aviez soufré ; vous affirmiez avoir obtenu un succès complet. D'après mes idées et ma conviction, c'était impossible ; je pensais que vous deviez avoir un nombre, plus ou moins grand, de raisins oïdiés. Néanmoins, recherchant la vérité et voulant m'éclairer, je priai un très habile viticulteur, sur lequel je compte comme sur moi-même, d'aller s'en assurer sur les lieux. Il fit la visite de vos vignes, accompagné de propriétaires de vos environs, qui les connaissent très bien, et m'apporta bon nombre de vos raisins détruits, de diverses formes, et atteints, à divers degrés, de maladie ; les uns, petits, durs et noirs, non vérés, et complètement arrêtés dans leur développement ; les autres, présentant toutes les misères du mal ; d'autres, enfin, de très beaux raisins d'aramon, ayant acquis toute leur grosseur, dont les grains avaient conservé toute leur apparence extérieure, moins la couleur qui était matte et avait la teinte de lie, mais vides et ne contenant pas de liquide. — Remarquez que mon ami n'était pas seul à faire la visite et la cueillette.

Toutes ces choses ne m'ont point étonné ; dans ma conviction, cela devait être ainsi. Mais, ayant tenu les pièces en main, vous devez penser le cas que j'ai dû faire du rapport de vos collègues. Ce n'est pas que je doute de leur sincérité, mais ils auront trouvé peu d'importance à quelques raisins malades ; vous étiez en cause, et en généralisant, ils vous auront donné un coup d'épaule, comme on en voit tant.

Quant à moi, j'attachais à ce fait une grande importance

théorique, puisqu'il s'agissait de savoir si on pouvait guérir complètement, en soufrant comme vous l'aviez fait, ne doutant pas que vous n'y eussiez apporté tous vos soins.

Mon assertion est donc exacte, et vous avez bien mauvaise grâce à m'attaquer sur ce point. Les inexactitudes pourraient être excusables dans des improvisations journalières, écrites au courant de la plume, et souvent sans même les relire, mais elles ne peuvent être excusées dans des écrits couronnés, donnés au public pour règle à suivre, et répandus à profusion dans toute la France. Sous ce rapport, vous avez de nombreux reproches à vous faire ; je n'en cite qu'un :

Ainsi, quand, dans votre Manuel, vous affirmez qu'en 1854-55-56, vous avez obtenu, par votre méthode, un succès *complet qui ne s'est jamais démenti,* c'est une assertion fausse, de la plus grande gravité, parce que vous faites croire à l'excellence d'une méthode mauvaise, que vous ne suivez pas vous-même.

En 1854, vous ne connaissiez pas l'efficacité du soufrage, puisque vous avez avoué vous-même, *un an plus tard,* dans votre Mémoire, avoir essayé vingt-trois moyens curatifs divers, n'avoir fait ces essais que sur vingt hectares, et avoir laissé dévorer cinquante-deux hectares de vos vignes par l'oïdium. — Vous connaissiez si peu l'efficacité du soufrage, à cette époque, qu'en 1854, et dans un Mémoire officiel, inséré au Bulletin de la Société d'Agriculture, vous, secrétaire de cette Société, vous avez inséré cette phrase significative, et qui dispense de toute autre citation :

« *Nous passons sous silence l'emploi du soufre ;* IL N'EST PAS APPLICABLE AUX GRANDS VIGNOBLES. »

Lorsque vous écriviez cela, M. Laforgue avait obtenu, pendant trois ans, un succès complet par le soufrage à sec sur la totalité de ses soixante-dix hectares de vignes.

C'est après la visite que vous avez faite à son vignoble, en décembre 1854, que vous avez soufré, en 1855-56, en imitant sa pratique. Vous ne l'avez même pas comprise cette pratique, puisque vous avez introduit, dans le Mémoire publié en 1855, une infinité de prescriptions qui en sont l'antipode.

Ces prescriptions funestes, si légèrement improvisées, vous persistez à les conseiller au public, tandis que vous faites tout le contraire. Il est, en effet, notoire que les succès que vous avez obtenus, depuis deux ans, vous les devez au soufrage préventif, même mal compris et mal exécuté. Vous lui devrez aussi évidemment les succès de cette année, dont vous vous enorgueillissez.

Qu'auriez-vous dû faire, en effet, en suivant vos manuels? J'admets qu'au 14 mai vous aviez, comme tout le monde, quelques ceps oïdiés, épars ça et là. Vous auriez dû les couper *impitoyablement et opérer un soufrage général;* après cette opération, vous auriez dû attendre l'apparition; vous n'en auriez pas eu, comme tout le monde, jusques au 10 juillet; mais, à cette époque, vous auriez subi la terrible invasion générale, et, quoi que vous eussiez pu faire, vous auriez, sur votre grand vignoble, perdu une partie notable de votre récolte.

Vous l'avez encore subie cette invasion, ce qui prouve que vous aviez mal soufré, car nous n'en avons pas eu, nous, et n'en aurons pas. Si vous vous en êtes débarrassé mieux que d'autres, c'est à la préparation de vos vignes par le soufrage préventif que vous le devez uniquement.

Je ne voudrais rien dire du ton de votre lettre; je sens que mes discussions doivent vous être désagréables; mais, si je n'y répondais pas, le public pourrait croire que j'avoue une intention d'hostilité et de *dénigrement systématique* contre vous. J'ai déjà répondu vingt fois par avance à ce reproche, en déclarant formellement que je n'étais mu par aucun sentiment d'hostilité ou de passion, mais uniquement par le désir du bien public. J'ai fait voir que vous ne nous avez pas épargné vos sarcasmes, depuis deux ans, dans vos Manuels et dans votre polémique dans les journaux; je l'ai souffert patiemment, par respect pour l'erreur qui avait couronné et recommandé vos écrits dangereux; ce n'est qu'après avoir vu les funestes effets de vos doctrines, en 1855 et 56, dont des parents, des amis à moi, et une foule de propriétaires, ont été victimes, que j'ai déclaré passer sur toutes les considérations personnelles.

J'y ai mis, j'en conviens, beaucoup de persistance et d'acharnement, bravant les sarcasmes des sots; mais, plus vos écrits étaient loués, prônés, comblés de faveurs, plus cette tenacité était indispensable. J'étais seul en présence d'un mutisme calculé et presque général ; je n'avais d'autre auxiliaire que la vérité, triste auxiliaire, nue et sans initiative, qu'il faut bien aller chercher au fond de son puits, si on veut qu'elle se montre.

Cette persistance, pendant trois ans, il y aurait de l'ingratitude à la blâmer, car on ne saurait disconvenir qu'elle a éveillé les esprits et fait grandement marcher la question ; sans elle, le moyen sûr, indubitable, de vaincre radicalement le fléau, eût été étouffé, et n'aurait pas été généralement connu peut-être de dix et vingt ans; peut-être, à ce moment, la moitié des vignes du Midi auraient-elles déjà été arrachées. C'est à elle qu'on doit les innombrables millions que les récoltes sauvées ont fait entrer, depuis trois ans, dans le Midi.

Vous dites que vos vignes sont belles; j'en suis persuadé, et j'ai expliqué pourquoi; je vous crois donc sur parole, quoique je sois intimément convaincu que vous devez encore avoir quelques chicots d'oïdium et des raisins pourris. Mais la question n'est pas là; vous trouverez d'innombrables propriétaires qui, en suivant strictement et sans lésiner les prescriptions de vos écrits, ont perdu leur récolte en totalité ou en grande partie.

Tous ceux, au contraire, qui ont exactement suivi les prescriptions de mon *Guide*, dans tous les climats et tous les terrains, ont obtenu le succès le plus merveilleux; ils ne soufrent plus depuis le 10 juillet, n'ont pas eu d'invasion, comme vous, et n'en auront pas jusqu'aux vendanges; sans parler de M. Laforgue et des innombrables disciples dans ses contrées, je vous en citerais une foule ici même, dans notre banlieue, de très gros domaines et de petits qui sont dans ce cas.

Soyons donc de bonne foi; ne changeons pas la question, et laissons-la sur son véritable terrain.

Vainement vous voudriez en faire une question de personnalité; je n'en ai fait et ne veux en faire qu'une question de justice et de doctrines agricoles.

Votre nom se trouve naturellement dans mes discussions, comme étant celui de l'auteur des mauvaises doctrines que je combats. Je vous souhaite chaque année des vinées et toutes les distinctions possibles, mais je ne puis tolérer que de maladroits amis attribuent ces distinctions à l'excellence de vos doctrines, par la raison que, si on admettait cette prétention, ces doctrines deviendraient encore plus dangereuses.

Je signale les innombrables contradictions dont vos écrits sont pleins; vous n'en trouverez pas dans ma méthode, tout y est rationnel, conséquent; cela tient uniquement à ce que vous soutenez l'erreur, et moi, la vérité, démontrée par une immensité de faits dans ce moment.

Agréez, Monsieur, l'assurance de ma considération la plus distinguée.

A. Vialles.

Voici ce que nous disions, après cette lettre, dans le même journal du 21 août 1857, au sujet de M. le comte de La Vergne, qui prouvera la justice que nous avons toujours rendue à tous les hommes généreux qui se sont dévoués pour le bien public :

M. de La Vergne, l'éminent agronome de Bordeaux, nous a fait l'honneur de nous adresser ses écrits sur le soufrage des vignes qui nous étaient inconnus. Nous regrettons vivement de n'en avoir pas eu connaissance depuis longtemps;

leur publicité plus grande eût été de nature à bien éclairer cette question. Il est vraiment étrange que, dans cette affaire, les plus utiles documents aient été ceux dont on a le moins parlé, et qu'on a tenus, avec le plus de soin, sous le boisseau.

Pour qu'on puisse juger de l'opportunité de cette observation, il suffit de dire que M. de La Vergne, homme considérable par son savoir et sa position, avait soufré à sec les vignes avant M. Rose-Charmeux, et que ses travaux étaient consignés dans les délibérations de la Société d'Agriculture de la Gironde, dont il est membre.

Ce n'est pas que nous partagions toutes les opinions de l'auteur ; il en est qui ont été réformées par les immenses expériences faites ici sur une grande échelle, depuis trois ans ; mais il n'en est pas moins vrai que ses idées étaient, en 1853, beaucoup plus avancées qu'on ne l'était dans le département de l'Hérault, à Montpellier, dans la première moitié de l'année 1855. Il est donc bien regrettable que nous n'ayons rien connu de ces travaux, qui contiennent, d'ailleurs, bien des choses bonnes à étudier et à méditer même aujourd'hui.

A. Vialles.

DES ENQUÊTES ET VÉRIFICATIONS.

28 août 1857.

M. Marès nous proposait la semaine dernière d'aller voir ses vignes. Il pense donc, comme nous, que c'est le moment de faire cette vérification ; jusques au 20 septembre, il n'y aura pas moyen de se tromper, la vigne aura tout le bien et le mal qu'elle doit avoir, et c'est seulement en voyant les raisins sur les souches qu'on peut apprécier sans suspicion et sans récrimination possible la valeur des traitements qu'on leur a fait subir.

On l'a très bien compris à Toulouse, où l'on a vu si juste sur cette question, quoiqu'on ne l'y ait abordée que depuis deux ans. M. le Préfet de la Haute-Garonne vient d'y nommer une commission de viticulteurs habiles et impartiaux dont la mission est de vérifier les vignobles du département, et de constater les résultats des divers modes de traitements employés. C'est à ce moyen qu'il faut en venir, si on veut enfin connaître la vérité, si l'on veut que les récoltes soient sauvées.

Mais pour que ces commissions produisent sur l'opinion publique des agriculteurs ruraux, si incrédules et si défiants, l'effet qu'on a le droit d'en espérer, il faut qu'elles soient composées d'hommes d'une intégrité et d'un caractère connus, qui n'aient pris parti pour aucun système agricole, pour aucune coterie ; sans ces conditions, leur intervention ferait plus de mal que de bien, puisque la partialité pourrait perpétuer l'erreur et augmenter encore le nombre des victimes.

Si nous nous étions rendu à l'invitation de M. Marès, assurément nous sommes incapables de dire autre chose que ce que nous aurions vu ; mais soit en bien, soit en mal, notre rapport n'aurait produit aucun effet sur l'esprit des propriétaires; en bien, on l'aurait trouvé naturel, puisque M. Marès a dit lui-même avoir soufré préventivement; en mal, on aurait douté à tort de notre impartialité.

L'année dernière, M. Marès a provoqué une vérification de ses vignes seules ; il a encore imité en cela M. Laforgue qui fut contraint pour un tout autre motif de solliciter une constatation des merveilles opérées par sa pratique. Cette vérification eut lieu il y a juste deux ans, et la commission biterroise ne se borna pas à voir les vignes de M. Laforgue, elle parla aussi de celles d'autres propriétaires dont elle apprécia le plus ou moins de réussite. Les circonstances étaient d'ailleurs toutes différentes, il s'agissait d'établir l'efficacité du soufrage; il n'y avait pas alors deux méthodes en présence, l'une bonne, l'autre mauvaise. Les effets de la répressive couronnée n'ont pu être appréciés et connus qu'en 1856, puisqu'elle n'a paru qu'à la fin de 1855.

C'était donc en septembre 1856, qu'il eût fallu faire la vérification des résultats obtenus par les deux systèmes, si on voulait connaître la vérité et donner des renseignements sûrs aux vignerons. Nous y avons poussé quant à nous de tout notre pouvoir dans chaque numéro pendant un an ; bien plus, nous avons annoncé en mai, avant qu'elle n'eût été entreprise par M. Laforgue, la cure et la régénération du grand domaine des MM. Genson, réduit au dernier degré d'anéantissement par la maladie et qu'on avait déjà donné ordre d'arracher en partie.

Pendant les deux mois qu'a duré cette opération publique que tout le monde a vue ici, nous en avons constaté toutes les phases et signalé le miraculeux résultat qui leur a fait réaliser pour 150,000 francs de vin, dont nous avons désigné l'acheteur, sur un vignoble qui n'en aurait pas produit pour dix ou cinq mille francs, de l'aveu même des propriétaires. Que pouvions-nous faire de plus ?...

M. Gontier, l'habile horticulteur de Montrouge, est venu de Paris voir cette merveille et en a été ébahi, on peut le consulter ; nous l'avons entendu dire que c'était le succès le plus complet, le plus absolu qu'il eût jamais vu. — Aucun de nos compatriotes du chef-lieu n'a voulu voir cela, et il n'y a que quatre heures de marche de Montpellier ici en voiture et une heure et demie par le chemin de fer !...

Pouvions-nous demander une constatation, après le sort du rapport de la commission biterroise toujours sous le tapis depuis deux ans et dont on n'a pas encore dit un mot [1] ?...

Nous avons donc fait tout ce qu'il était possible de faire pour que la vérité fût connue et nous le faisons encore aujourd'hui. Il est certain que si on se borne à n'examiner que les résultats d'un seul système, d'une seule pratique, si on ne constate que des expériences faites sur quelques misé-

[1] Il en est toujours de même en 1860 !..

rables fractions de vigne, on perpétuera indéfiniment l'incertitude et l'erreur ; on ne fera connaître les progrès que un à un chaque année, et il n'y a pas de raison pour qu'on ne mette vingt ans pour que le public sache ce qu'il aurait pu savoir depuis trois ans déjà avec le système contraire que nous avons toujours conseillé en vain.

Nous concevions les expériences de laboratoire et les travaux de cabinet quand la question était encore dans les ténèbres, c'était alors le temps des systèmes et des utopies ; mais ce temps est passé depuis déjà de longues années. Du moment que le soufre a été reconnu l'antidote incontestable de l'oïdium, l'intervention scientifique est devenue inutile ; elle n'a fait qu'embrouiller la question qui n'était plus qu'une question agricole d'application pratique du remède en grande culture.

Cette réussite complète en grande culture était le point capital auprès duquel tout ce qui avait été fait auparavant n'était rien, quel qu'en fût le mérite. Or, cette réussite complète, absolue, pour tous les terrains, pour tous les climats, en grande et petite culture, a été obtenue et est pratiquée sur une grande échelle depuis six ans, et malgré tous nos efforts persévérants elle n'a pas encore été constatée. Il y a plus, les documents qui la constatent ont été passés sous silence et mis sous le tapis.

Aussi faisons-nous des vœux pour que les commissions des départements du Sud-Ouest nommées avec un tact et un grand sens que nous ne saurions assez louer, viennent dans le Languedoc pour compléter leur conviction. C'est ici surtout qu'elles peuvent se former une idée juste de la valeur de chaque système, car nulle part en France le soufrage n'a été plus généralement pratiqué et par des systèmes plus divers; c'est ici qu'on peut faire la comparaison la plus fructueuse et la plus concluante pour instruire enfin les vignerons jusqu'ici laissés dans une incertitude mortelle et qui fait chaque année d'innombrables victimes.

Au reste, pour n'avoir rien à nous reprocher et quels que soient ceux de nos lecteurs qui veuillent se convaincre, nous leur ferons des désignations qui leur faciliteront les recherches.

Nous ne leur parlerons pas des vignobles de M. Laforgue qu'il a su rendre invulnérables pour l'oïdium et qui depuis six années sont les plus magnifiques qu'on puisse voir, ni des innombrables disciples qui l'ont imité dans ces contrées, terre classique de la découverte ; nous citerons surtout nos environs où le soufrage était presque inconnu il y a deux ans, et où la méthode préventive a fait cette année d'innombrables prodiges dont nous ne désignerons qu'un petit nombre.

En fait de grands domaines, il faut citer d'abord celui des MM. Genson, si miraculeusement régénéré par M. Laforgue l'an dernier et qu'on compte devoir faire cette année 50 pour cent de plus de vin que l'an dernier.

Le grand domaine de Poussan, où l'on n'avait presque pas vendangé pendant quatre ans et dont le traitement a été opéré cette année par les conseils de M. Laforgue.

Le grand domaine du Nègre, qui était dans le même cas, et dont le propriétaire intelligent a suivi strictement la méthode préventive.

Le domaine de Moissac, absolument dans le même cas.

Tous ces domaines étaient anéantis par la maladie,

n'avaient rien ou presque rien produit pendant quatre ans ; dans beaucoup d'entre eux les ceps étaient tellement pourris qu'on avait pu à peine y opérer la taille, et que beaucoup de bras de souche avaient dû être taillés *à blanc,* c'est-à-dire laissés sans coursons.

On y verra la végétation la plus luxuriante, des sarments de deux et trois mètres de long et d'une grosseur extraordinaire, des raisins superbes et absolument exempts de maladie, qu'on n'a plus soufrés depuis la mi-juillet, qui n'ont pas subi d'invasion et n'en subiront pas jusques aux vendanges.

On verra tout à côté de ces vignes l'état pitoyable de celles qui ont été soufrées par la méthode répressive, qui ont été mal soufrées ou en temps inopportun, l'anéantissement de celles qui n'ont pas été soufrées du tout.

On verra, disons-nous ; mais il faut d'abord qu'on veuille le voir, et depuis cinq ans on ne l'a pas voulu.

DOCUMENT

INSTRUCTIF ET INTÉRESSANT.

Quoiqu'il ne soit pas directement lié à la question du soufrage, le document que nous allons reproduire n'en a pas moins un très grand intérêt, puisqu'il révèle ce détestable esprit de rivalité locale et de clocher qui depuis un temps immémorial fait tout avorter dans nos contrées. Un projet d'association viticole est proposé en ce moment, dont le siége serait à Montpellier. Dans l'exposé des motifs, l'auteur de ce travail, que nous approuvons d'ailleurs, ayant émis quelques opinions inexactes ou incomplètes au sujet d'un autre projet d'association tentée à Béziers en 1850 et 1851, nous avons cru devoir rétablir la vérité dans l'*Indicateur*. Auteur de ce projet d'association de 1850, et de tous les travaux immenses qu'a entraînés pendant deux ans cette grande manifestation méridionale, nous avons dû, par un récit très concis, montrer la simplicité de son point de départ, la grandeur de son élan et son insuccès déplorable: toutes choses qui donneront plus d'un enseignement utile.

Au point de vue général, cet insuccès de l'association antérieur à la venue de l'oïdium, expliquera comment l'esprit de localité peut avoir causé des pertes immenses à la viticulture générale en s'opposant à la divulgation de la méthode préventive; comment on a pu étouffer et celer pendant six ans cette pratique agricole, au milieu de vignobles immenses, où elle faisait réaliser de prodigieuses richesses constatées chaque année par la notoriété publique.

Ce simple récit expliquera encore comment M. Laforgue et notre méthode préventive ont été dédaignés, attaqués, combattus pendant six ans dans cette circonstance de leurs succès merveilleux. Il expliquera enfin, comment nous en particulier avons été pendant sept ans attaqué violemment, dédaigné, considéré comme un scribe sans portée, comme le préconiseur de notre ami M. Laforgue, quand on savait fort bien que nous avions presque tout fait pendant cette immense manifestation méridionale en 1850 et 1851 ; quand on savait fort bien, comme le simple récit l'indique, que pendant ces deux années de travaux inouïs, auxquelles ont succédé les sept années de travaux non moins grands pour la méthode préventive, nous avions tout fait seul, projet, statuts, développements immenses dans la presse, correspondance inouïe dans toute la France, résolutions, discours; quand on savait enfin fort bien que personne dans le Midi n'a fait plus que nous des études sérieuses, raisonnées et pratiques, pendant trente ans sur toutes les choses de la viticulture.

Il importe donc que tout cela soit connu pour que la moralité de tous ces faits puisse être sainement appréciée,

A. Vialles.

PROJET D'ASSOCIATION VITICOLE

DE 1850.

(Extrait de l'INDICATEUR des 3 et 10 janvier 1860).

I.

Selon notre constante habitude loyale, nous continuons d'insérer textuellement le projet d'association de notre compatriote en l'assurant de tous nos vœux sincères pour son succès. Le principe de l'association est toujours une bonne chose, sous quelque forme qu'il se présente. — Toutefois, quelques mots de notre insertion d'aujourd'hui ayant trait au projet d'association de 1850, nous obligent à une courte explication. L'auteur ne paraît pas avoir connu et compris la combinaison heureuse et l'immense portée de ce projet, qui fut accueilli avec un enthousiasme inouï, non seulement dans le Midi, mais dans les grandes villes commerciales de la France.

Notre projet n'engageait, en effet, ni nos quatre départements distillateurs du Midi, ni aucun autre. Il était merveilleusement salutaire pour tous les vignobles de la France. Très facilement réalisable sans souci, sans solidarité et presque sans débours, sans chance de perte, on avait presque la certitude de bénéfices prodigieux sur la réalisation même de cette providentielle institution.

Il est déplorable que cette immense manifestation méridionale de 1850, que ces grands et émouvants meetings dont il n'existe pas d'exemple soient inconnus ou déjà oubliés.

La population se renouvelle rapidement, en dix ans elle est presque toute transformée. Si cette population active d'aujourd'hui, déjà familiarisée avec les idées du progrès et de la puissance des capitaux agglomérés qui enfante toutes les merveilles de nos jours, eût existé alors, peut-être l'association eût-elle été réalisée en huit jours et serait probablement devenue à ce moment une très grande institution financière, après les événements survenus depuis.

Seul entre tous les vignobles de l'Europe, le Midi n'aurait rien perdu par l'oïdium, car, dès 1853, la direction eût fait connaître, dans toutes les communes, les résultats merveilleux de la méthode préventive, et le Midi entre tous les vignobles aurait accumulé des richesses immenses, comme M. Laforgue et les autres soufreurs préventifs.

Des mesures en commun auraient été prises auprès de l'Etat pour demander les modifications de législation utiles. On ne peut apprécier les immenses ressources qu'offrait cette situation.

On ne l'a pas voulu; et c'est un immense malheur pour le Midi.

Il est déplorable que les causes de cet insuccès ne soient pas connues; que le projet, les statuts qui en constituent l'esprit et la réalisation pratique, que les circulaires, résolutions, développements qui le complètent; que tous ces documents si honorables pour nos contrées et pour ceux qui y ont contribué par leurs généreux efforts, n'ayent pas été réunis, du moins en abrégé, dans quelques volumes. Ce serait un document toujours très utile à consulter.

En voici le résumé très sommaire; il faut qu'on connaisse tout.

En 1850. — Par la surabondance de production, par le jeu à la baisse, le Midi était anéanti; deux ans de plus de ce régime, et la viticulture méridionale était perdue.

Qu'on nous permette ici de parler, pour abréger, à la première personne. Nous le pouvons sans scrupule; car dans cette affaire immense, projet, statuts, développements, correspondance, tout absolument est sorti de notre tête et de notre plume.

Un grand nombre de riches propriétaires vinrent me trouver en corps chez moi. Après m'avoir expliqué la ruine imminente de la viticulture, ils me demandent s'il n'y aurait pas un moyen de conjurer ce désastre. — C'est très facile, répondis-je; je vous trouverais dix moyens de salut souverains, différents les uns des autres; mais il ne suffit pas de les mettre sur le papier; il faut surtout les exécuter.

— Grandes protestations de zèle et de dévouement.

— Dans ce cas, repris-je, je vais m'en occuper. Je vais commencer par une combinaison telle qu'il n'y ait pas besoin du concours de tous, de déboursés, de chances, connaissant l'égoïsme et l'esprit arriéré de notre pays. Je vous demande cinq jours.

Au jour dit, ils reviennent plus nombreux. Je leur fais lecture de mon projet. — Enthousiasme général.

— Monsieur, vous serez un mauvais citoyen, si vous

gardez cela dans votre portefeuille, c'est le salut de la viticulture.

— Je veux si peu le garder, que l'ayant fait pour vous, voilà le manuscrit. Publiez-le si vous voulez, mais je n'y mets qu'une condition; c'est qu'il ne portera pas de nom d'auteur et qu'on ignorera d'où il vient. Je veux la chose pour le pays. Je la crois encore meilleure que vous; je connais la répulsion ordinaire et systématique contre les idées des compatriotes. Je ne veux pas que mon nom et ma personne puissent servir de prétexte aux mauvaises passions, pour nuire au projet.

On publie; — enthousiasme inouï partout.

Transporté, on me dit qu'il faut envoyer dans tout le Midi, organiser un comité et me mettre à la tête. — Je refuse. — Je ferai tout, leur dis-je, mais je ne veux pas paraître.

J'organise un comité d'initiative de propriétaires éminents. J'envoie le projet, avec circulaires l'expliquant et prière d'envoyer au comité le résultat et les promesses d'adhésion.

Ce fut une traînée de poudre.

De toutes parts affluèrent des lettres d'un enthousiasme incroyable. On faisait des offres prodigieuses. Le maire de Pignan entr'autres, mandait avoir recueilli 150 mille francs d'actions dans la première séance et en promettait le double. Olonzac en offrait autant et espérait de 300 à 400 mille francs.

Je dis à ces messieurs : avec ce qu'on nous offre déjà, nous avons plus qu'il n'en faut pour constituer l'association.

— Il faut réaliser ; — faites les statuts.

En huit jours les statuts, cette œuvre capitale, furent faits. Soumis à quatre jurisconsultes, ils furent trouvés irréprochables. J'allais continuer avec le comité.

Les statuts laissaient le choix et la nomination du gérant et de toute l'administration à l'assemblée des actionnaires.

— Mais il faut vous mettre à la tête comme gérant provisoire, il faut un homme énergique et capable pour donner l'impulsion, quitte à tout résigner aux mains de l'assemblée des actionnaires.

Je refusai obstinément, pour les motifs précités.

Quelques jours après, on arrive chez moi avec M. Donnadieu, ex-maire, notaire, portant un acte de société. On me dit que je serai un malhonnête homme si je n'accepte pas le poste provisoire de gérant (gratuit bien entendu, comme pour tout). Emu, j'eus la faiblesse de signer.

A peine eut-on un nom, une victime pour prétexte, tout ce que j'avais si bien prédit se réalisa et au centuple. Je fais grâce au lecteur des calomnies, des infamies et de tous les actes dégoûtants, rendus plus redoutables par une circonstance que notre confrère ne fait qu'indiquer, mais qui est notoire, tous les éminents membres du comité en ayant été témoins.

Nous avions sollicité en vain depuis l'origine le concours de Montpellier, nous marchions seuls, et on a vu avec quels succès.

M. Marès et un autre propriétaire très influent arrivent ; ils disent approuver et promettent leur concours, à la condition que le siége de l'association sera à Montpellier.

Après avoir consulté le comité, je réponds qu'il n'est pas question de clocher dans cette affaire; que j'avais désigné Béziers comme point le plus central, de Carcassonne à Nîmes; comme le premier marché du Languedoc; comme recevant seul plus de 3/6 que Montpellier et Cette réunis; comme offrant d'immenses ressources de magasins et de capitaux. Avantages cumulés qu'on ne trouverait nulle autre part dans nos contrées.

Ces messieurs persistèrent et se retirèrent.

De ce moment, toutes les manœuvres déjà indiquées devinrent excessives. On créa des associations rivales. Baissiers, jaloux, ennemis, firent tout au monde pour faire tout avorter. Le comité se découragea et moi encore plus; moi qui n'avais pas de vignes, moi l'auteur du projet, qui à la douleur de le voir avorter joignais le chagrin d'y avoir peut-être contribué involontairement par ma généreuse faiblesse à me charger d'un immense fardeau gratuit que j'avais toujours repoussé par une prévision malheureusement trop fondée.

Il est essentiel de constater que, pendant toute cette phase, en sollicitant le concours des Messieurs de Montpellier, j'ai constamment écrit à M. le comte de Pina, et aux autres propriétaires influents, que j'étais prêt à céder les fonctions de gérant gratuit à qui l'on voudrait, si cela devait entraîner leur adhésion. J'ai d'innombrables lettres de ces Messieurs qui le constatent.

Telle est l'histoire véridique de l'avortement de cette première phase de l'association.

Avec le concours de Montpellier elle eût été réalisée en

un clin-d'œil, et l'assemblée eût révisé les statuts, nommé son administration à sa guise.

Je raconterai brièvement la seconde phase. Celle-là est grandiose, admirable. Bien qu'ayant aussi échoué, elle nous a tous amplement dédommagés, par la grandeur merveilleuse de ces manifestations, de ce que nous ont fait endurer les péripéties désolantes de la première.

II.

Quelques mois après le découragement de Béziers, je fis un voyage dans l'Aude et à Olonzac, contrées intelligentes où depuis longtemps je suis connu et compte encore plus de bons et chauds amis que dans l'Hérault. Les très intelligents propriétaires d'Olonzac qui savaient tout, ne pouvaient se consoler que l'apathie biterroise eût laissé amortir un si bel élan.

— Puisque l'association, d'après votre projet, peut être partielle, essayons-la ici. Nous verrons plus tard ce que nous devrons en faire. Tentons toujours, dirent-ils. — Dégoûté par les mécomptes passés, je leur opposais une triste résistance d'incrédulité. Ils insistèrent fortement, et je cédai, en leur disant que, bien entendu, je ferais tout par dévouement pour eux, mais que je ne voulais plus paraître en aucune manière dans ces tentatives.

Je rédige une circulaire convoquant à une assemblée à Olonzac pour le dimanche suivant, dans le but de discuter et raviver le projet d'association. Vingt personnes en font d'innombrables exemplaires. Le secrétaire communal seul les signe. Nous les remettons à quatre facteurs ruraux dévoués, avec ordre de les remettre en main propre à leur adresse, celle des principaux propriétaires des quatre cantons de Lézignan, Ginestas, Peyriac et Olonzac, et de nous dire leur accueil et leur réponse.

Cette réponse fut unanime. Tous dirent qu'ils y seraient et en amèneraient bien d'autres.

— Dans quel guêpier m'avez-vous mis? dis-je à ces messieurs ; voyez si j'avais bien mis le doigt sur la plaie!... Vous allez avoir une cohue. Recevons-les au moins dignement. Disposez une église qui ne suffira peut-être pas. Ce fut fait avec ardeur en deux jours, que j'employai moi-même à préparer discours, résolutions, rédigés par prévision des éventualités.

Le dimanche, dès 8 heures du matin, arrive la file de voitures, incessante jusqu'à midi ; on ne savait où les loger ; tous les boulevards du bourg en étaient encombrés. Jamais on n'a vu de plus admirable spectacle.

L'église était comble des sommités propriétaires des quatre importants cantons.

Un bureau-comité très nombreux et respectable fut installé, présidé par M. Vidal, ex-député au Corps Législatif, ayant à ses côtés quatre maires des principales communes et les plus forts propriétaires des quatre cantons.

Cette mémorable séance fut admirable de discussion digne et de patriotisme.

La résolution définitive fut un appel au patriotisme de l'arrondissement de Narbonne.

Cette admirable journée, dont tous les détails sont consignés dans l'*Indicateur,* fut un événement qui devait rester impérissable pour la puissance immense qu'elle révèle de l'esprit patriotique méridional, susceptible d'enfanter des prodiges quand il pourra être bien dirigé et préservé des ambitions cupides individuelles qui, dans le Midi, plus que partout ailleurs, ont toujours paralysé et fait avorter cet élan généreux et patriotique de la grande majorité.

Narbonne s'émut. Un mois plus tard, une manifestation bien plus belle y était admirée; deux ou trois mille des plus riches propriétaires du département de l'Aude et du Roussillon étaient accourus à l'appel et remplissaient la vaste salle du Synode.

Un bureau imposant de toutes les sommités était présidé par M. Ducros Saint-Germain, maire; de magnifiques et chaleureux discours y furent prononcés; M. Birat, notaire, s'y signala par une improvisation très étendue et admirable qui sera certainement un des plus beaux élans dont il puisse se faire honneur dans sa vie.

Un volume ne suffirait pas pour relater les détails émouvants de cette immense et solennelle manifestation.

La résolution fut encore un appel au patriotisme de Béziers pour renouer l'association et se mettre à latête du mouvement.

Tout le monde sait la part que j'ai encore prise personnellement et mon concours dans cette immense manifestation; mais toujours dans l'ombre à dessein, instruit par le détestable passé et pour enlever tout prétexte à la mauvaise foi.

Béziers s'émut à son tour. Une solennelle manifestation s'organisa. Présidé par M. Hippolyte Lognos, maire, assisté par des vice-présidents ex-députés ou sommités territoriales, un immense comité composé des plus riches propriétaires avait pour secrétaires quatre des plus habiles avocats ou hommes de loi.

On fit une convocation universelle à la salle de spectacle, seul local suffisant et susceptible d'être bien approprié.

Cette solennité, à laquelle assistait M. Collet-Meygret, alors notre sous-préfet, homme de grand talent et depuis préfet de la police générale, fut d'une magnificence qui devait être éternellement consignée pour l'exemple de ce que peut enfanter l'esprit de patriotisme généreux et sans passion.

Il fallait voir cet imposant et respectable comité dressé à la place de l'orchestre et la salle remplie à toutes les places de riches propriétaires de trois départements, tous enthousiastes ; ces discussions échangées, ces magnifiques discours prononcés qui reçurent la plus vive approbation de M. Collet-Meygret : parmi lesquels une belle improvisation de M. Fabrégat, avocat, maire actuel, l'un des secrétaires. — C'était une solennité sans précédents dans le Midi.

L'enthousiasme était à son comble. Le comité s'installa comme directeur de l'association viticole du Midi, s'imposa des séances fréquentes jusqu'à sa réalisation. De ce moment, et à voir cet enthousiasme, je la croyais faite.

Car c'était encore moi qui faisais presque tout et toujours sans vouloir paraître.

On remarquera que j'insiste spécialement sur cette circonstance, qui peut être attestée par tous les hommes éminents que j'ai nommés et désignés, pour bien établir qu'il n'y a eu dans cette grande tentative aucune prétention personnelle, mais une abnégation absolue.

En effet, pour peu qu'on s'en fût donné la peine, en peu de jours l'association eût réuni assez d'actionnaires pour former une assemblée, qui, soit par elle-même, soit par des commissions spéciales d'hommes capables choisis par elle, aurait nommé l'administration et les conseils de surveillance. Ces agents ayant mission impérative d'accroître par tous les moyens indiqués par les statuts le nombre des actionnaires, en auraient certainement fait en peu de mois la plus formidable des institutions financières.

On aurait, en effet, recueilli des actionnaires non seulement dans le Midi, mais dans toute la France et à l'étranger, cette admirable combinaison offrant des chances de bénéfice certaines. Chaque action de 1,000 fr. souscrite alors, vaudrait aujourd'hui assurément 30 ou 40,000 fr.

C'est l'absence de cette administration active, de cette cheville ouvrière, qui fit tout avorter, il faut le dire. Les membres du comité directeur étaient capables et bien intentionnés sans doute, mais l'impulsion manquait. Chacun avait ses occupations et s'en rapportait aux collègues, rien ne marchait, des dissidences puériles se manifestaient dans les délibérations, les séances étaient trop rares.

Voyant ce grand danger, je résolus de tenter de le conjurer d'un seul coup. Je fis proposer une résolution souveraine qui aurait tranché le nœud gordien; la voici :

Le comité aurait doublé le nombre de ses membres par l'adjonction de trente éminents propriétaires du midi.

Deux des soixante nouveaux membres, se seraient tous rendus simultanément dans chacun des cantons des quatre départements; s'y seraient bornés à recueillir seulement dix actions de 1,000 fr. au chef-lieu, ce qui eût été réalisé en un jour.

Rentrés, ils auraient apporté pour 2 millions d'actions environ.

On aurait convoqué ces actionnaires en assemblée générale qui aurait nommé l'administration chargée de poursuivre l'association.

Après un chiffre suffisant d'adjonctions nouvelles, une seconde assemblée générale serait convoquée qui aurait révisé les statuts et nommé l'administration définitive.

Par ce mode si simple, tout était fait en huit jours et assuré. — L'assemblée seule choisissait tout.

Malheureusement cette proposition souveraine trouva des opposants dans le comité directeur. On prétendit qu'il ne fallait pas innover, qu'il fallait continuer de faire comme on avait fait. Elle fut repoussée. On continua, et on ne fit rien. Tout périt ainsi par apathie.

J'avais bien de nouveaux moyens de salut à proposer. Mais on conçoit qu'après avoir été si mal ou si peu compris, moi qui n'avais plus de vignes, je ne voulus pas m'exposer à de pareils mécomptes. Tout avorta ainsi par apathie, quand il n'y avait qu'à vouloir, pour en finir en huit jours.

Les conséquences de ce succès si facile à réaliser, les voici :

Depuis 1850, les propriétaires auraient été sûrs de ne pas voir les 3/6 au-dessous du prix rémunérateur fixé par l'assemblée après vendanges.

L'association aurait accaparé tout ce qui aurait été vendu au-dessous de ce prix.

Son intervention aurait déterminé des hausses considérables dont elle aurait profité en vendant à la consommation et au commerce français ou étranger.

Chaque année, elle aurait gagné d'innombrables millions en donnant de la sécurité aux commerçants de tout ordre et en détruisant les funestes perturbations du jeu.

Depuis l'oïdium, pas un actionnaire n'eût perdu une seule récolte, prévenu du salut facile par la direction.

La masse des richesses accumulées dans le Midi eût été incalculable.

On ne l'a pas voulu, je le répète, mais rien n'était assurément plus facile.

Le défaut du concours du chef-lieu, l'apathie, le manque d'initiative, ont été les seules causes de l'avortement de cette combinaison approuvée par les économistes et les commerçants les plus éminents de la France ; j'en possède les innombrables témoignages écrits.

L'oïdium est survenu, et dans ma douleur, outre mes travaux sur beaucoup d'autres grandes questions, j'ai consacré pendant huit ans mes veilles à sauver la viticulture de ce nouveau fléau. Là encore M. Laforgue et moi avons trouvé, pendant huit ans, les mêmes obstacles au bien : les questions de prétentions personnelles, de misérables rivalités de clocher, de jalousie, d'injustice ; chancre éternel de nos contrées dont la vivacité intelligente ferait les plus grandes choses, si elle n'était paralysée et jetée hors des bonnes voies par ces vices déplorables.

A. Vialles.

CONCLUSION.

Telles sont les pièces authentiques et incontestables qui établissent l'histoire de cette lutte décennale pour la découverte et la vulgarisation de la méthode de soufrage préventive, reconnue la meilleure enfin par les sociétés impériales de Paris. Cette histoire et les obstacles que la vulgarisation a rencontrés, nous avons dû les faire connaître de concert, M. Laforgue et nous, pour que le public puisse apprécier qu'il n'y a nullement de notre faute si le bien a été retardé, et que depuis l'origine, sans hésitation aucune, nous avons fait l'un et l'autre, chacun dans notre sphère, tout ce qu'il était possible de faire pour tâcher d'obtenir immédiatement le résultat bienfaisant proclamé aujourd'hui.

Cette proclamation par les sociétés de Paris est sans doute un bienfait de plus, puisqu'elle peut vulgariser immédiatement cette pratique agricole salutaire dans l'universalité des vignobles ; mais nous étions sans inquiétude sur son succès final ; elle était trop répandue depuis plusieurs années pour ne pas finir par triompher de tous les obstacles. C'est un de ces bienfaits qu'on n'abandonne plus quand on en a une fois essayé. Ce n'était plus qu'une question de temps.

Ce que nous avons dit est sans doute un résumé très

succinct des innombrables volumes que nous avons publiés dans cette lutte, soit en brochures, soit dans cinq cents numéros de l'*Indicateur* dont nous avons les collections. Nous avons même glissé sur tous les dégoûts incroyables que nous avons éprouvés, M. Laforgue et nous, pendant six ans. Ils ont été souvent tellement monstrueux et excessifs qu'on devrait naturellement croire qu'ils étaient autorisés par la jalousie ou la concurrence.

Or la conduite de M. Laforgue est notoirement connue depuis l'origine, et par des pièces officielles et par les attestations de vingt communes qui seraient ratifiées par plus de cent autres, si on procédait à une enquête sérieuse.

Quant à nous, pour faire connaître la nature de notre intervention comme publiciste dans cette question, nous n'avons qu'à faire une dernière citation de la déclaration que nous avons été récemment forcé de publier par circonstance dans l'*Indicateur* du 24 février dernier; la voici:

AVIS ESSENTIEL A NOS LECTEURS.

« Un grand nombre de personnes continuent de m'écrire avec la qualification de *Rédacteur en chef de l'Indicateur*; je dois une explication précise à ce sujet.

» Depuis quinze ans j'écris dans l'*Indicateur*, dans l'intérêt public, toujours gratuitement et sans avoir le moindre intérêt matériel quelconque dans cette publication. Pendant cinq ans d'abord j'écrivais sous le voile de l'anonyme.

» En 1850, M. Domairon, propriétaire-gérant du journal, devant s'absenter, me supplia de le suppléer comme *Rédacteur en chef*. J'acceptai par dévouement pour lui et pour le bien public. De ce moment, je signai tout ce que j'écrivis, pour assumer loyalement la responsabilité entière et morale de ce poste périlleux qui comprenait à la fois : la direction, la tendance, la composition et la surveillance de l'exécution matérielle du Journal.

» L'absence de M. Domairon s'étant prolongée, j'ai forcément continué pour le bien public et pour ne pas laisser perdre cet organe de publicité très utile pour les intérêts méridionaux, entraîné pendant dix ans par beaucoup de très grandes questions, entr'autres celles de l'Association viticole et du soufrage.

» Depuis huit mois, M. Delpech, ayant acquis de Mlle Paul l'imprimerie et la propriété du Journal, est devenu naturellement gérant. — J'ai continué d'accorder, comme on l'a vu, mon concours à la publication, toujours tout autant gratuit et désintéressé, mais depuis lors je ne suis plus responsable que des écrits que je signe. Je n'ai eu aucune part aux autres obligations du poste de Rédacteur en chef.

» En dehors de ce que je signe, rien ne peut donc m'être attribué ni en bien ni en mal.

» A. Vialles. »

Cette déclaration publique ne laisse pas de doute.

Ainsi pendant cette lutte de dix ans nous n'agissions

que pour le bien public, nous avons été constamment désintéressé, dans l'acception la plus absolue du mot, et comme écrivain et comme agriculteur.

Comment expliquer que beaucoup de nos confrères de presse, auxquels nous ne devions donc pas porter ombrage, que nous savons nous estimer, et pour lesquels nous professons une estime non moins vive, aient accueilli pendant cinq ans les attaques de nos adversaires en nous refusant leur publicité pour leur répondre, secondant par là les mauvaises doctrines ?

Comment expliquer que beaucoup d'hommes éminents dans la science aient reçu avec défiance et froideur nos communications, quand il n'y avait qu'à essayer depuis six ans pour découvrir un monde nouveau ?

Ce que nous disions était cependant bon et raisonnable, puisque de nombreuses sociétés savantes l'ont depuis approuvé et sanctionné après enquêtes, après des expériences concluantes faites par leurs commissions, et en ont fait l'objet de rapports solennels et publics.

N'est-on pas fondé à penser que cette anomalie presque incroyable doit provenir des renseignements faux et malveillants répandus sur le compte de M. Laforgue, très habile et très intelligent agriculteur praticien, et sur notre propre caractère, sur nos vues, sur nos intentions et sur les connaissances théoriques ou pratiques que nous pouvons avoir ?

Comment expliquer enfin que n'ayant voulu sincèrement que le bien, nous ayons rencontré tant d'obstacles et de dégoûts?

Nous laissons au public la solution de ces questions, en nous bornant à décliner la responsabilité du résultat, comme celle des maux que le retard de la vulgarisation de ce bienfait incontestable a fait peser sur la viticulture générale.

A. VIALLES.

RÉVÉLATION

OBLIGÉE ET COMPLÈTE DE LA VÉRITÉ.

Notre opuscule était ici terminé. Voici, on l'a vu, quel en était le but :

Établir notre parfait accord avec M. Laforgue, dans cette lutte que nous avons soutenue ensemble et de concert pour le bien public pendant neuf ans ;

Bien définir la nature du concours que nous avons apporté l'un et l'autre dans cette grande œuvre : Lui, comme l'heureux, le très intelligent et constant inventeur de la méthode préventive ; nous, comme le créateur depuis sept ans de la théorie qui a fait de cette pratique un corps de doctrines discutables et qui a été formulée dans nos Traités, discutée et développée dans nos brochures, nos écrits et nos discussions incessantes de la presse, pendant sept années consécutives ;

Montrer quels ont été notre dévoûment désintéressé, notre abnégation absolue, nos sacrifices pendant toute la durée de cette grande œuvre ;

Prouver quelles ont été notre patience et notre modération, dignes du but sacré que nous voulions atteindre, au milieu des attaques les plus violentes, les plus acharnées et les plus irritantes, au milieu des dénis de justice les plus incroyables.

Depuis six ans on aurait dû comprendre la générosité de cette modération. Il est des faits et des circonstances dont on se sentirait accablé soi-même, si on avait par malheur à se les reprocher, qu'on éprouve de la répugnance à divulguer explicitement. Toutes ces choses, nous les avons indiquées d'une manière assez claire depuis six ans, dans nos écrits et dans toutes nos discussions de presse. Nous espérions que notre réserve serait comprise, qu'on s'arrêterait dans cette détestable voie, que quelqu'un voudrait savoir la vérité, ce qui était très facile par les moindres enquêtes, et la dévoilerait au public sans que nous eussions à la dévoiler nous-même.

Notre espoir a été déçu; notre modération a été sans doute prise pour de la faiblesse, puisqu'elle n'a servi qu'à accroître tous les excès dont nous avons à nous plaindre. Ce ne serait encore rien si nous en étions les seules victimes, mais c'est surtout la généralité des agriculteurs qui en souffre, et c'est ce qui nous impose des devoirs devant lesquels nous ne pouvons en conscience reculer.

Depuis la publication, en 1855, du Mémoire répressif, si malheureusement couronné au grand Concours, les mauvaises doctrines qu'il renferme ont causé aux agriculteurs des pertes incalculables. Ces mauvaises doctrines, nous les avons incessamment combattues par les bonnes qui ont été successivement adoptées par l'immense majorité des viticulteurs du Midi, comme elles viennent de l'être, on vient de le voir, par les Sociétés impériales de Paris. Mais il n'en est pas moins vrai qu'à l'aide de la renommée malheureuse qu'a value à leur auteur le Mémoire répressif couronné et les innombrables Manuels répandus à profusion dans toute la France à grand renfort de réclames, les doctrines répressives ont fait un mal immense et continueront d'en faire tant qu'elles ne seront pas hautement condamnées ou désavouées.

Nous avons cru un moment avec joie à ce prochain et désirable résultat, en voyant la proclamation si nettement explicite de M. Payen aux Sociétés impériales; nous étions d'autant plus fondé dans cet espoir que nous savions depuis plusieurs mois que l'Académie nationale agricole, commerciale et manufacturière de Paris avait décerné, pour la prochaine séance solennelle et annuelle, une médaille d'or à M. Laforgue. Nous pensions que la méthode préventive recevant cette distinction solennelle, serait enfin mise en évidence, discutée et essayée. Le reste nous importait peu; nous étions bien sûr, en effet, qu'après essai, les viticulteurs ne l'abandonneraient plus, quelles que fussent les doctrines absurdes qui leur font faire déplorablement fausse route depuis dix ans.

Cet espoir si fondé a été encore une déception. La séance solennelle est arrivée et la méthode répressive a été encore médaillée et par conséquent recommandée au même titre que la méthode préventive, en sorte que non seulement la situation est la même, mais elle est très aggravée par cette distinction toute récente qui donne encore plus de crédit aux mauvaises doctrines.

Redoutant sans doute les éloges et les encouragements donnés précédemment à M. Laforgue par l'Académie nationale dont il est membre depuis longtemps, M. Marès s'est fait recevoir récemment et y a obtenu une nouvelle médaille d'or au même titre que M. Laforgue. Tel est le fait dans toute sa simplicité et sans commentaire, très aggravé par la grande publicité que lui ont donnée les journaux spéciaux de Paris. Pour en faire apprécier la portée, nous ne saurions mieux faire que de reproduire le compte-rendu que donne de cette séance le *Moniteur vinicole*, un des principaux organes de la viticulture, et l'appréciation immédiate que nous en avons faite dans *l'Indicateur* du 16 mars 1860 :

Voici ce que nous lisons dans le *Moniteur vinicole :*

ACADÉMIE NATIONALE

AGRICOLE, MANUFACTURIÈRE ET COMMERCIALE.

Dernière séance générale annuelle. — Récompenses.

L'Académie nationale agricole, manufacturière et commerciale, qui se montre toujours animée des généreux sentiments qui ont présidé à sa fondation, a tenu, à la fin de janvier dernier, sa séance générale annuelle, sous la présidence de M. le vicomte de Cussy.

Un concours empressé de membres, dont le nombre dépassait le chiffre de deux mille, donnait à cette réunion le caractère d'une véritable solennité.

Après de bons et substantiels discours, couverts d'applaudissements unanimes, dans lesquels M. le vicomte de Cussy, M. de Barral, M. de Vigneral, M. Ch. Tessier, ont rendu compte des travaux de l'Académie, M. Aymar Bression, directeur général, a pris la parole.

M. Aymar Bression, après avoir constaté que la Société compte trente années d'honorables efforts et de services rendus, a franchement abordé et traité avec une lucidité parfaite la question de la marque de fabrique et de commerce, qui avait été mise au concours, et qui a valu la grande médaille d'or à M. Dujardin, d'Hardivillers, auteur du mémoire jugé le meilleur.

M. Aymar Bression a produit sur cette matière, tant controversée, des arguments qui nous ont frappé par leur justesse autant que par la forme nouvelle qu'il leur a donnée, et il est arrivé aussi heureusement que logiquement à cette conclusion de sa brillante plaidoirie, que : mieux vaut encourager puissamment la marque facultative que décréter la marque obligatoire, car c'était en définitive arriver au même but par des chemins différents, moins les difficultés de la route.

On a procédé ensuite à la distribution des récompenses. Nous ne pouvons mentionner ici que celles qui se rapportent à notre spécialité.

Médaille de 1re classe.

MM. Converset, pour ses divers instruments aratoires.

Goffint-Delrue, pour services rendus à l'agriculture, écrits agronomiques.

Cuillier-Durupt, pour ses produits agricoles et ses excellents tuyaux de drainage.

Labouré-Gontard, pour ses excellents vins de Bourgogne, couronnés de la médaille d'honneur à l'Exposition de Dijon.

Laforgue, en considération de ses efforts pour combattre l'oïdium.

Marès pour ses recherches et ses travaux sur la maladie de la vigne.

(L'Académie nationale, en décernant à M. Marès et à M. Laforgue la médaille de première classe, entend ne prendre aucun parti dans la lutte qui divise ces deux honorables viticulteurs. — Dégageant donc la question de la méthode répressive et de la méthode préventive, le comité des récompenses, dont la religion n'est pas suffisamment éclairée sur ce point, n'a voulu voir dans ces deux lauréats que des hommes utiles à leur pays par les efforts qu'ils font depuis longtemps pour combattre la redoutable maladie qui ne cesse de menacer notre richesse viticole).

Nous nous arrêtons là.

Nous commençons par rendre hommage à l'intention d'impartialité que la note proclame. Mais comment n'a-t-on pas vu que les termes dont elle se sert et ceux dont les récompenses sont formulées sont précisément diamétralement opposés à cet esprit?

On ne veut pas, dit-on, prendre parti dans la lutte. Il n'y a pas d'abord de luttes de personnalité; voilà sept ans que nous protestons contre cette prétention de ceux pour qui l'intrusion des personnalités est un calcul de tactique.

Des doctrines agricoles et leurs auteurs naturellement, des faits authentiques sont en discussion. Il n'est pas question de personnalités. Pour tant qu'elles voulussent se grossir, elles seraient bien ridicules, bien pitoyablement infimes auprès de l'intérêt de la viticulture, de l'intérêt de l'agriculture générale.

On ne veut pas se prononcer entre deux méthodes opposées. Mais si l'une fait notoirement sauver toujours les récoltes, et l'autre les fait notoirement perdre en totalité ou en partie; il faut bien le dire, les faire connaître, pour que le producteur puisse au moins essayer et savoir à qui il les doit.

C'est la première des conditions, si l'on veut que le producteur récolte et que la viticulture prospère.

Or, cette question si innocente, si bénigne, si naturelle, qu'on paraît vouloir éviter, on la tranche par les termes même de la décision, et on la tranche de la pire des manières : du mauvais côté et contre les faits les plus notoires, contre la justice.

Ainsi, on accorde la médaille à M. Laforgue, en considération de ses efforts pour combattre l'oïdium.

Des efforts !... sans dire même s'ils ont été suivis de succès!...

Mais, depuis la première invasion de l'oïdium dans son vignoble, en 1852, M. Laforgue ne lui a pas permis d'amoindrir ses récoltes, et, tous ceux qui ont suivi notre méthode préventive depuis neuf ans, n'importe le terrain, le cépage et le climat, ont été dans le même cas.

Ce ne sont donc pas des efforts. C'est une victoire absolue, complète, remportée sur l'ennemi, terrassé à première vue, et qui ne s'est jamais démentie.

A M. Marès, on donne la même médaille pour ses recherches et ses travaux sur la maladie de la vigne.

C'est dire d'abord qu'il y a une maladie de la vigne; on peut prouver le contraire par vingt preuves différentes et concluantes. Il y a l'oïdium, parasite nouveau qu'il faut détruire, ou tout au moins paralyser si l'on veut récolter.

C'est donc perpétuer l'indécision et les théories, les pratiques vaines, perpétuer le fléau.

Quant aux recherches, quel en a été le résultat? L'élu, en décembre 1854, a trouvé, il est vrai, M. Laforgue ayant sauvé, pendant trois ans, ses récoltes par la méthode préventive. En 1855, il a soufré, à son imitation, tout son vignoble pour la première fois. Il a fait son mémoire pour le concours rempli de fausses doctrines unanimement condamnées et réprouvées par les viticulteurs du Midi auxquels il a fait éprouver des pertes incalculables.

Nous nous arrêtons à ces faits incontestables consignés dans les écrits de l'élu lui-même et dans les bulletins de la société centrale d'agriculture de l'Hérault.

On remarquera que nous ne faisons pas ici de polémique. Nous protestons pour la centième fois contre cette intention qu'on nous prête pour avoir occasion d'étouffer la vérité, en nous attribuant injustement des intentions d'hostilité personnelle.

Comme en agriculture on discute les opinions des Chaptal, des Ladrey, des Jussieu, des Dubreuil, leurs préceptes et leurs noms, nous discutons tous les documents qui ont eu du retentissement, publiés sur le fléau nouveau, et prouvons leurs erreurs funestes.

Nous voulons que tout le monde récolte. Il serait par trop incroyable qu'on blâmât ce vœu et cette intention.

De bonne foi, est-ce éviter de trancher la question ?

Si on n'est pas convaincu, ne valait-il pas mieux attendre, faire des vœux pour une enquête solennelle, pour que la question soit définitivement résolue par les hommes les plus capables et impartiaux, puisqu'il s'agit d'une question de vie ou de mort pour la viticulture?

A. Vialles.

Ainsi, dans cette séance solennelle, plus de deux mille hommes d'élite parmi les sommités industrielles, ont été témoins du triomphe des écrits de M. Marès, de la recommandation par conséquent de la méthode répressive qui fait notoirement perdre les récoltes, au même titre que M. Laforgue, que la méthode préventive qui les sauve.

Vainement la note dit-elle qu'on écarte la question de systèmes et qu'on n'entend récompenser les deux honorables viticulteurs que de leurs recherches et de leurs travaux pour la guérison *de la maladie de la vigne*. Cette précaution oratoire est évidemment illusoire, le mal n'en est pas moins fait, l'indécision n'en est pas moins maintenue et aggravée par cette distinction éclatante ajoutée à tant d'autres malheureuses. Cette indécision est funeste au premier chef quand il s'agit de pratiques agricoles qui font perdre les récoltes ou les font sauver.

Est-ce à dire, qu'en nous prononçant si fortement, nous élevions des prétentions exagérées ou audacieuses? Nous sommes fort heureusement à l'abri depuis bien longtemps déjà de ce soupçon. Toutes les sociétés savantes que nous avons énumérées à la tête de cet opuscule ont depuis très longtemps déjà reconnu l'excellence de nos principes après expériences solennelles et concluantes. Elle a été reconnue par toutes les sommités de la science, parmi lesquelles nous citerons l'éminent M. Victor Rendu, inspecteur général de l'Agriculture, qui, après avoir lu et relu notre brochure des *Documents*, nous fit l'honneur de nous faire dire par M. Laforgue que nous l'avions complètement convaincu et que désormais il serait notre apôtre. Il l'a été en effet aux Concours de l'Ariége et partout.

Nous citerons encore l'éminent M. Dubreuil, dont les sympathies pour la méthode préventive sont formellement arrêtées. Cette illustration de l'époque a depuis longtemps déjà prêché ces principes salutaires dans ses chaires à Paris et dans ses précieux enseignements nomades dans les départements.

Enfin, les Sociétés impériales d'Agriculture et d'Horticulture de Paris viennent récemment, par l'organe de l'honorable M. Payen, de proclamer l'excellence souveraine de la méthode préventive.

Vous devriez être satisfaits de ces honorables suffrages, nous dira-t-on. Oh! certainement, nous le sommes au-delà de toute expression, comme doit l'être tout homme de cœur qui, après avoir consacré dix ans de travaux sur une question ardue, a été assez heureux pour réussir à obtenir d'aussi flatteuses approbations. Mais ce n'est pas pour nous une question personnelle. Ce que nous abhorrons surtout en fait de pratiques agricoles, ce sont les questions personnelles et de coterie ; elles sont le pire des dangers. Nous étant dévoués, comme on l'a vu, au bien public, nous désirons avant tout que les bonnes doctrines que nous avons eu le bonheur de proposer soient utiles au producteur pour qu'il puisse récolter. Or, le système que nous voyons pratiquer depuis six ans, est celui qui doit donner le plus de crédit aux mauvaises doctrines, en perpétuant l'indécision et l'ignorance.

Tous les hommes éminents que nous avons désignés, n'agissent et n'intriguent pas en effet. Ils se contentent de donner leurs bons avis, et la foule se laisse surtout prendre aux intrigues, aux fausses renommées, aux distinctions, aux fausses apparences, aux réclames intéressées et passionnées qui l'entraînent. Si, désirant le bien public, ils veulent combattre ces détestables tendances, ils devront se résigner à une lutte éternelle et dégoûtante. Cette lutte, nous l'avons, quant à nous, soutenue et endurée pendant huit ans, et, quelque bien que nous ayons réalisé, nous voyons avec douleur qu'avec ce système elle serait éternelle et au-dessus des efforts humains possibles, surtout quand on n'a ni position ni mission spéciales qui en fassent un devoir social ; devoir au reste qui risquerait d'être fort triste; car, avec le système que nous signalons, il n'y a pas de raison pour qu'il ne fût perpétuel et par conséquent dégoûtant, même pour les cœurs les plus vigoureusement trempés.

Depuis sept ans, en effet, on ne veut pas seulement discuter les bonnes doctrines approuvées par les plus éminents savants et adoptées par l'immense majorité des viticulteurs, et on prône, on comble de faveurs les mauvaises doctrines, scientifiquement et logiquement mauvaises, que presque tout le monde réprouve.

La position qui nous est faite par le maintien officiel des mauvaises doctrines qui devraient être condamnées et par les distinctions dont on comble leurs auteurs, quels que soient les moyens par lesquels ils les obtiennent, est la pire des positions. Il est évident que ces faveurs incessantes jettent de la défaveur sur les promoteurs des doctrines opposées et doivent faire suspecter aux yeux du public la véracité de leurs assertions. Leur modération sera prise pour de la faiblesse; leur générosité et les ménagements, pour de la calomnie. C'est une position que des hommes d'honneur ne peuvent accepter à aucun prix. Par cette persistance, on nous met dans la nécessité impérieuse de dévoiler la vérité toute entière et sans ambages, en traçant le précis historique exact et scrupuleusement véridique de ce qui s'est passé dans le Midi depuis 1850, sur la question de l'oïdium, le tout appuyé sur des pièces incontestables.

La question étant enfin connue, sans qu'on puisse prétendre l'ignorer, le public jugera; nous serons hors de cause et nous aurons conquis notre indépendance, en ce sens, que désormais nous ne nous regarderons plus comme moralement obligés de combattre les mauvaises doctrines qu'on persistera à propager. Si le public a à se plaindre des funestes effets de ces tactiques et de ces systèmes, il devra s'en plaindre à qui de droit, et dans aucun cas il ne pourra les attribuer à notre abstention et à notre silence.

AVANT-PROPOS.

Pour que les lecteurs étrangers à notre département puissent avoir une intelligence plus facile de ce que nous allons dire, il convient d'expliquer que, depuis un temps immémorial, il existe une rivalité entre le chef-lieu de notre département et l'arrondissement de Béziers, pour tous les intérêts matériels et intellectuels. Hâtons-nous de dire que cette rivalité est tout à fait indépendante du pouvoir gouvernemental, et qu'elle n'est pas partagée par la totalité des populations respectives ; partout il y a des cœurs justes et généreux qui la déplorent et la réprouvent ; mais il n'en est pas moins vrai que, depuis un temps immémorial, elle se manifeste par les actes des contemporains qui, par leur position matérielle ou intellectuelle, ont une grande influence sur les résolutions départementales. Tout ce qui se fait de nouveau, de bien ou d'important hors du chef-lieu y est accueilli froidement, sinon avec répulsion et hostilité, aussi bien sous le rapport matériel que sous le rapport intellectuel. Nos compatriotes, Mairan, Paul Riquet, Pélisson, Vanière, entre bien d'autres, et récemment, Flourens, Viennet, Cordier, y ont toujours eu fort peu de sympathies, quand ils n'ont pas été repoussés, critiqués et victimes d'actes décourageants dont la force de leur génie a pu, seule, contrebalancer la funeste influence.

Il convient encore de dire que, depuis douze ans, l'*Indicateur* fait échange avec la société centrale d'agriculture de l'Hérault, et que, par conséquent, nous n'avons pas publié depuis douze ans une seule ligne, un seul avis, que cette société, et spécialement ses secrétaires, n'aient vu le jour même, comme tous les cercles littéraires, et les nombreux abonnés que l'*Indicateur* a eus à Montpellier.

Sans cette explication indispensable, bien des choses que nous allons dire paraîtraient *incroyables*.

PRÉCIS HISTORIQUE

DE LA VICTOIRE DÉSORMAIS COMPLÈTE

REMPORTÉE SUR L'OÏDIUM, DANS LE DÉPARTEMENT DE L'HÉRAULT.

Tout le monde sait qu'apparut pour la première fois en 1845, dans des serres, à Margaste, aux environs de Londres, l'oïdium ; il fut décrit par Tucker et Beckerley, et combattu par Kyle, par le soufre en mouillant les pampres.

Passé sur le continent en 1848-49, de l'Ouest il eut bientôt envahi les vignobles de Bordeaux à Paris.

Partout le fléau fut combattu avec plus ou moins d'intelligence, par les moyens indiqués par Kyle, à l'aide de soufre et de pompes.

M. Gontier en 1850, inventa le soufflet et étendit la pratique du soufrage à la grande culture.

Nous passons sous silence toutes les théories et les pratiques proposées depuis lors par d'innombrables savants, quel que soit leur mérite et la reconnaissance que les viticulteurs leur doivent, bien que leurs travaux soient reconnus depuis longtemps déjà comme inapplicables à la grande culture.

Parti de Paris en 1850, on sait que le fléau eut envahi en un ou deux ans tous les vignobles méridionaux jusques à l'Archipel grec.

Ce fut en 1851, qu'il apparut pour la première fois à Lunel et dans les environs de Montpellier. *Frontignan* perdit cette année sa récolte par l'oïdium, et a continué de la perdre pendant les six années suivantes. La population de cette malheureuse commune, réduite à la dernière misère, fut forcée à arracher ses vignes, à les abandonner, et à s'expatrier, ce que M. Marès a publié lui-même.

Ce fait concernant une commune de l'arrondissement de Montpellier, située entre le chef-lieu et Cette, dans la banlieue, indique déjà mieux que tout ce que nous pourrions dire, la valeur des conseils et des enseignements des hommes de science du chef-lieu, pendant que, depuis sept ans, nous sauvions ici complètement nos récoltes.

Jusques en 1853, l'efficacité du soufre était inconnue ou niée à Montpellier; pour s'en convaincre on n'a qu'à consulter les bulletins de la société d'agriculture de l'Hérault qui sont dans toutes les bibliothèques des sociétés centrales de l'empire; car, dans tout ce que nous allons dire, nos assertions seront toujours justifiées par des pièces authentiques ou officielles à l'appui. Nous en sentons la nécessité impérieuse dans notre position.

Ce fut en mai 1852, que M. Laforgue fut envahi pour la première fois et avec une grande intensité par le fléau, comme tous ses environs. Il inventa immédiatement sa boîte à sablier, appliqua le soufre à sec à toutes ses souches attaquées, en répétant les soufrages jusques à destruction. Il sauva l'intégralité de sa récolte pendant que tous ses voisins perdirent la leur.

Pendant neuf années consécutives, il a complètement

sauvé la récolte entière de ses 70 hectares de vignes par la même pratique.

Ce fait incontestable et tous les soins qu'il s'est donnés depuis avril 1853, pour proclamer son triomphe dans toute la contrée, pour indiquer sa pratique à tous les agriculteurs, sont depuis longtemps un axiome banal.

Ils sont consignés dans notre premier mémoire dont l'exacte vérité est attestée par vingt communes, maires et curés en tête, attestation adressée dans le temps au ministre. Ils ont été certifiés par la commission d'enquête officielle biterroise, par les autorités et par le président de la société centrale de l'Hérault en pleine séance. En disant en effet, en 1856, *il est regrettable que M. Marès n'ait pas fait un ou deux ans plutôt la visite qu'il fit au vignoble de M. Laforgue en décembre* 1854, c'est dire explicitement que ce dernier avait sauvé ses vignes en 1852, et cette attestation, qui n'est pas suspecte, dispenserait seule de toutes les autres.

La priorité de M. Laforgue et son dévouement immédiat, sont donc un fait incontestable que nous établissons une fois pour toutes, pour nous dispenser d'y revenir.

En 1854, tout était encore dans les ténèbres à Montpellier, les bulletins de la société centrale font foi des théories et des systèmes absurdes qui étaient discutés et dont on faisait l'essai. Parmi ces innombrables moyens tentés, on avait eu aussi l'idée d'essayer du soufre indiqué par Kyle, par notre compatriote Duchartre à Paris, par Gontier et par bien d'autres depuis 1847. M. Marès, comme d'autres essayeurs, avait remarqué l'efficacité du soufre et commença à la préconiser. Ce n'était pas assurément un trait de lumière, mais c'était au moins quelque chose, quand, depuis trois ans déjà, nous avions déjà crié sur les toits qu'on pouvait sauver, comme nous, l'intégralité des récoltes.

Jusques à la fin de 1854, les plus avancés de Montpellier, pendant la ruine générale par le fléau, n'avaient fait ces innombrables essais que sur des surfaces de 10 à 20 hectares de vignes, laissant stoïquement dévorer le restant de leurs vignobles par l'oïdium ; ce qui est une triste preuve de leur conviction et de leur foi.

Ici, pour éviter au lecteur les preuves fastidieuses, nous n'en citerons qu'une officielle qui est aux mains du ministre et qui nous dispensera de cent autres.

Le 20 septembre 1854 (qu'on remarque bien la date), M. le ministre de l'agriculture adressa aux sociétés centrales une série de questions admirablement posées relatives à la maladie de la vigne. Mise en demeure d'y répondre, la société d'agriculture de l'Hérault nomma une commission dont M. Henri Marès fut nommé rapporteur, c'est lui-même qui a donc rédigé ce que nous allons citer. Nous passerons bien des choses reconnues depuis comme absurdes, nous ne citerons que ce qui a une importance significative.

Question. *Quels ont été les résultats de la fleur de soufre?*

Réponse. Sur cette question, les avis sont entièrement partagés. Suivant les uns, les effets du soufre sont nuls ; suivant les autres, il combat efficacement la maladie.

Voici ce qui a été observé par ces derniers, plusieurs d'entr'eux ayant appliqué le soufre sur des surfaces de *dix* à *vingt* hectares.

Suivent des détails sur le soufrage, inutiles, où l'on trouve cependant les étranges propositions que voici :

L'action du soufre ne paraît d'ailleurs être bien efficace, que lorsque le soleil échauffe les surfaces sur lesquelles il est projeté...

Le soufflet paraît être le meilleur des instruments proposés.

Les soufrages exécutés en avril et mai, comme moyen *préventif* avant l'apparition générale *de la maladie*, n'ont produit aucun effet...

Ceux dont l'application a été efficace ont été faits en juin et juillet *après l'apparition du fléau*...

Les vignes soufrées [1] ont donné un vin ayant un goût de soufre prononcé...

Et puis la réponse à la question suivante :

Question. *Les vignes soufrées en 1853 ont-elles présenté cette année autant de parties malades que celles qui ne l'ont pas été?*

Réponse. En 1853, on n'a qu'*imparfaitement* essayé le soufre pour la guérison des vignes malades et sur une petite échelle, *aucune n'a été guérie* par ce procédé. On ne peut donc répondre à la question.

(Tout ceci est littéralement extrait du bulletin de la société centrale de l'Hérault, 41me année, pages 205 à 216).

[1] On aurait dû dire *mal soufrées*. A. V.

Tel était donc, à la fin de 1854, l'état de la science du soufrage à Montpellier, constaté et rédigé par M. Marès, rapporteur de la commission et secrétaire de la société.

Ce fut à cette époque même, qu'intrigué sans doute de ce que nous disions tous les jours dans l'*Indicateur* depuis deux ans des succès de M. Laforgue et de la méthode préventive, il voulut voir par lui-même et se rendit à *Quarante,* en compagnie d'un riche propriétaire, depuis son beau-père, à la mi-décembre 1854.

M. Laforgue, comme à tout le monde, leur expliqua ses succès et sa pratique depuis trois ans, leur montra ses vignes admirablement belles au milieu de celles de ses voisins dans un état pitoyable, leur fit voir sa cave pleine de vin magnifique, délicieux et sans goût de soufre.

Ces Messieurs furent ébahis. — Monsieur, lui dit M. Marès, vous avez fait une chose admirable, qu'aucun agriculteur n'aurait osé tenter. Je vais vous signaler pour qu'on vous accorde les hautes distinctions qui vous sont dues.

M. Laforgue vint nous raconter tous ces faits.

Nous qui avions eu, deux ans avant, de fâcheux précédents pour l'association, comme on l'a vu page 106 de cet opuscule, nous lui disions prudemment : ne comptez pas trop aveuglément sur ces promesses. Nous verrons bientôt si elles sont sincères.

En effet, disions-nous, le devoir du secrétaire de la Société, en arrivant à Montpellier, est d'assembler ses confrères et de leur annoncer la grande nouvelle, le grand arcane dont la solution occupait tous les savants du monde.

La séance mensuelle de la Société de janvier 1855 a lieu.

—Je m'informe. — Rien. — Celle de février, rien. — Celle de mars, rien. — Celle d'avril, rien.

Rien est un mot impropre. Le bulletin du premier trimestre de 1855 paraît et nous révèle des choses qui paraîtraient incroyables dans ces circonstances, si nous ne les citions textuellement en abrégé pour ne pas fatiguer le lecteur.

C'est le bulletin de la 42e année, page 38.

Extrait des procès-verbaux.

SÉANCE DU 8 JANVIER 1855.

M. Cazalis lit une lettre de Bordeaux, qui lui annonce les grands désastres des vignobles par l'oïdium.

M. Bouscaren fait observer qu'il n'y est pas question de l'emploi de la fleur de soufre. — Discussion sur cette matière. — M. Bouscaren soutient qu'il existe une différence immense, *au moins en apparence (sic)*, entre ses vignes soufrées et celles qui ne l'ont pas été. Il cite celles de MM. Canton et Marès chez lesquels se montrent les mêmes *apparences*.

M. Cazalis croit que les mêmes apparences se seraient montrées sans le soufre.

Discussion sur l'emploi des cendres. — Sur le pincement. — Sur le buttage. — Sur le déchaussage.

SÉANCE DU 15 JANVIER 1855, page 41.

M. Marès lit le rapport de MM. Filhol et Cros, de Toulouse, sur la maladie. Du débat qui s'engage, il résulte qu'on ne peut adopter les conclusions de ce rapport.

SÉANCE DU 5 FÉVRIER 1855.

M. Marès lit le procès-verbal. Adopté.
Discussion sur les figuiers, oliviers, etc.

SÉANCE DU 19 FÉVRIER 1855.

Discussion sur l'emploi de la poussière des chemins.

SÉANCE DU 5 MARS 1855.

M. Marès lit le procès-verbal. Adopté.
M. Bouscaren lit une note sur un drainage dans ses vignes.

SÉANCE DU 19 MARS 1855.

M. Marès fait une longue observation sur un fait de greffage d'une vigne pourrie par la maladie depuis quatre ans. — Il est combattu par M. Cazalis.

SÉANCE DU 2 AVRIL 1855.

M. Marès lit le procès-verbal. Adopté.
Discussion sur la greffe des vignes.

Ainsi, pendant ces quatre mois, on ne savait rien, on était dans l'ignorance la plus absolue ; même les plus intimes.

Mai arrive. Nous apprenons que M. Marès a soufré seul toutes ses vignes *préventivement pour la première fois.*

Juillet arrive. Il lit à la Société son fameux Mémoire du concours.

Nous n'énumèrerons pas les nombreuses fausses doctrines qu'il renferme et dont nous avons réfuté les principales dans notre brochure *Documents,* etc.; mais nous insisterons sur des choses bien plus graves, qui paraîtraient incroyables si nous ne citions toujours textuellement.

C'est le bulletin officiel, 42me année, pages 53 à 90.

On y lit, page 54: J'ai expérimenté en 1854 et 1855. Je suis arrivé à un résultat satisfaisant obtenu sur 72 hectares de vigne.

On lisait en juillet, et on avait soufré pour la première fois en mai. On ne savait donc rien de la tentative, on n'avait rien obtenu; mais on connaissait les résultats de M. Laforgue depuis trois ans.

Aux pages suivantes on énumère vingt-trois moyens qu'on a essayés en 1854, parmi lesquels on en voit de tellement absurdes, au point de vue pratique agricole, que le praticien le moins habile n'eût pas osé en avouer l'essai; puis on ajoute, page 65 :

Mes essais comparatifs en 1854 ne me laissant aucun doute sur les bons effets du soufre, je l'ai appliqué en 1855 à toutes mes vignes comprenant 72 hectares, etc.

On lisait cela en juillet, on l'avait probablement écrit en mai, avant d'avoir tout soufré. On ne pouvait encore connaître aucun résultat positif de cette première tentative.

Mais voici qui est encore plus grave après tout ce qu'on sait déjà. Nous citons toujours, page 69 :

Je ne suis pas le seul qui aie employé le soufre avec succès. Je citerai : à Gigean, M. Bouscaren, M. Léon Marès, mon frère ; à Marseillan, M. Andouard, notaire ; M. Laforgue à Quarante qui l'a appliqué dès 1853, *à quelques terres seulement et en mouillant les pampres, suivant la méthode de Gontier; en 1854 et 1855 à toute sa propriété.*

Après la visite à Quarante en décembre 1854, ceci est tellement monstrueux et inqualifiable qu'il faut se borner à citer.

Et on disait cela à des collègues, que, depuis six mois, on laissait discuter dans l'ignorance de l'arcane merveilleux qu'on avait en main! Pendant qu'on prenait part à ces discussions vaines, on soufrait pour la première fois, on travaillait au Mémoire!

L'acte était consommé, plus de doute. M. Laforgue s'empresse de solliciter de notre sous-préfet la nomination d'une commission d'enquête pour constater l'état de son vignoble.

Cette commission, composée des viticulteurs les plus haut placés par leur caractère, leur talent, leur fortune et leur position sociale, fait une enquête dont la teneur seule indique l'étendue, la conscience et l'impartialité absolue.

Elle rédige un rapport le 12 septembre 1855, pièce très remarquable, constatant, après enquête, que M. Laforgue, depuis 1852, n'avait pas laissé une seule souche malade, sans la guérir par le soufrage à sec préventif.

Le rapport est immédiatement envoyé à Montpellier. Trois mois se passent; pas de nouvelles dans un pareil moment!...

Nous commencions à discuter, dans l'*Indicateur,* la monstruosité des doctrines du Mémoire Marès.

Le silence sur le rapport de la commission biterroise continuant, nous en demandons l'insertion dans le *Messager du Midi,* journal départemental, même en la payant. Par trois fois M. Laforgue est refusé.

Nous nous décidons à faire tirer ce rapport à 5,000 exemplaires et le distribuons gratis dans toute la contrée.

Avec ces délais, nous n'avions plus le temps de faire un mémoire propre au concours.

Je me hâte de faire mon premier Mémoire, expliquant la découverte et la conduite admirable de M. Laforgue depuis 1852, et posant les premières règles de la théorie, de la méthode préventive que j'avais déjà discutées dans l'*Indicateur* depuis 1853 et 1854.

Nous envoyons ce Mémoire à Paris avec les attestations de vingt communes dont deux villes, Narbonne et Béziers, affirmant l'exactitude scrupuleuse de tout son contenu.

En 1856, nous continuons en vain de demander des nouvelles du rapport de la commission biterroise.

L'ignorance et l'incertitude sur l'efficacité du soufrage étaient toujours les mêmes à Montpellier; elle était niée; tous les bulletins de la Société Centrale en font foi.

Cependant les succès de la méthode préventive étaient immenses. Pour porter un coup éclatant, nous nous décidons à faire la merveilleuse expérience publique qu'on connaît, au domaine des MM. Genson; pendant trois mois j'en explique les phases, annonçant par avance chaque résultat obtenu.

Cependant j'étais en butte à tous les sarcasmes, à toutes

les attaques injurieuses de la presse, à tous les dégoûts, à toutes les injustices.

Je voulais imprimer en 1854 un petit traité de vinification par le marc, approuvé depuis par M. Ladrey et discuté depuis par M. Rouleaux-Dugage, député ; on me refusa pendant trois mois l'autorisation d'imprimer.

J'ai été traduit par trois fois en police correctionnelle, sur l'ordre du préfet d'alors, sous la prévention d'avoir parlé politique en parlant de betteraves.

Le premier procès, en première instance, fut un acquittement et une sorte d'ovation ; le second, outre le même résultat encore plus explicite, était un blâme admirablement formulé contre ces poursuites non fondées d'agriculteurs qui ne s'occupaient que des intérêts matériels.

On releva appel en Cour Impériale, où je dus, pour la troisième fois, figurer au banc ordinaire des malfaiteurs.

Ici, je dois un hommage public de reconnaissance à M. le président de chambre, respectable et digne magistrat, pour la bienveillance avec laquelle il m'accueillit.

Ce procès incroyable avait un grand retentissement, le palais et ses avenues étaient encombrés. Mon défenseur et ami, Albin Thourel, comme à Béziers, fut admirable.

Acquittement, ovation. Le barreau de Montpellier, en corps, vint, à l'issue, féliciter Thourel et le convier à un banquet solennel, qu'obligé de partir le soir même il ne put accepter.

Tel est le résultat sommaire de ces procès continuels dont l'effet moral était de me tracasser, de me fatiguer, de me décourager et de m'intimider.

A bout de voies, j'écrivis directement à l'Empereur pour me plaindre de toutes ces injustices et de ces excès inouïs, et ici je dois, en citant les simples faits, rendre un témoignage public de la justice, de la bienveillance impériale et de celle des secrétaires investis de sa confiance, qualités éminentes si rares et dont on ne saurait assez hautement faire l'éloge, pour les faire bénir par ceux qui n'ont pas le bonheur de les avoir appréciées.

Trois jours après le départ de ma lettre, j'en reçus une du cabinet Impérial portant ceci en substance :

« Vos réclamations sont justes, elles sont renvoyées aux ministres pour y faire droit. »

Le fait est que l'autorisation d'imprimer nous fut immédiatement apportée ; que peu de semaines après le préfet Costa fut destitué.

Dieu me garde d'insinuer que cet incident ait pu contribuer à ces actes du pouvoir. Je ne puis, toutefois, me dispenser d'en remarquer la coïncidence.

Pendant que la méthode préventive triomphait de plus en plus, l'incertitude, la négation de l'efficacité du soufre étaient toujours les mêmes à Montpellier. On peut le voir, par tous les bulletins de cette année qui renferment les faits les plus curieux, mais trop longs à citer; nous nous contenterons d'une pièce officielle qui expliquera incontestablement cette position.

Un an après l'envoi du rapport de la commission biterroise, M. Laforgue reçut de notre sous-préfet la lettre suivante :

« Béziers, 12 octobre 1856.

« Monsieur ,

« M. le préfet a communiqué à la Chambre consultative d'agriculture le rapport de la commission qui a visité l'année dernière vos vignes, en appelant l'attention de cette Chambre sur les résultats que vous avez obtenus par le soufrage.

» La Chambre, dans sa séance du 8 mai dernier, après une discussion approfondie sur la question du soufrage et sur les procédés employés, *ne se trouvant pas assez éclairée, a ajourné toute décision*, mais elle a reconnu, avec la commission de Béziers, que vous aviez été *des premiers* à employer le soufre avec fruit contre la maladie de la vigne et qu'à ce titre vous étiez digne des encouragements de l'autorité.

» M. le Préfet m'autorise à vous faire connaître qu'il se propose de signaler vos efforts pour propager l'emploi d'une substance appelée, sans nul doute, à rendre de grands services aux viticulteurs, et de solliciter pour vous les récompenses auxquelles vous pourrez avoir droit.

» Agréez, etc.

« Le Sous-Préfet. »

Telle était donc l'incertitude et l'ignorance de la question au 23 octobre 1856. Cette fin de non-recevoir et l'ajournement de toute décision n'ont pas encore cessé en 1860 !

Je n'en continuais pas moins à combattre avec force dans tous mes écrits les détestables doctrines du Mémoire et travaillais à faire mon *Guide*, méthode complète, préventive, en opposition à ces erreurs ruineuses pour les viticulteurs.

Au grand concours, malgré tous nos avertissements, le

Mémoire de M. Marès, qui avait soufré pour la première fois en grande culture en 1855 et d'après M. Laforgue, obtint prix, médailles, primes, argent, honneurs, positions et tout le reste, fut prôné par toute la presse comme le suprême progrès. Cette erreur fut, selon nous, un très grand malheur. Elle a causé pendant quatre ans des pertes immenses à la viticulture générale, pertes rendues incontestables par une immensité de faits authentiques.

Nous continuâmes avec encore plus d'ardeur notre propagande pour le bien public, pour préserver de ces déplorables erreurs le plus de viticulteurs qu'il serait possible, mais le triomphe apparent de nos adversaires rendait notre position plus pénible et plus dangereuse.

On affecta avec nous un dédain, un ton blessant, insultant dans la presse. Notre modération constante, compagne ordinaire de la force, était prise pour de la faiblesse; on ne la comprenait pas ou l'on feignait de ne pas la comprendre. Nous l'avons toujours conservée en répondant aux attaques les plus violentes, même extrà-légales, et qui paraîtraient incroyables, vu leur origine. — Ainsi, dans le bulletin même de la Société Centrale de l'Hérault (44e année, page 208), le procès-verbal d'une séance est terminé par l'incroyable paragraphe que voici :

« Plusieurs des Membres présents attirent l'attention de la Société sur la persistance des attaques que M. Vialles dirige, dans un journal de Béziers, l'*Indicateur de Béziers*, contre la Société et ses Commissions, à propos des articles qu'il publie sur le soufrage des vignes malades. Depuis plusieurs mois que dure cet état de choses, *la Société a cru devoir garder le silence.*

D'ailleurs, *n'ayant jamais reçu de communication directe de M. Laforgue, au profit duquel écrit M. Vialles, ni de ce dernier,* et la Société, dans ses travaux, n'ayant pour but que l'intérêt général et non celui *d'une personnalité, elle n'a pas eu à s'occuper de M. Laforgue.* Elle ne peut, d'un autre côté, engager une *polémique jusqu'ici sans précédents.*

» Toutefois, la Société renvoie l'examen de cette affaire à son Bureau, et le charge de lui en rendre compte prochainement. »

On ne peut porter plus loin l'oubli de tous les sentiments de justice, de convenance, de bonne foi, que dans cette tentative d'intimidation, qui devait nous faire passer, dans toutes les Sociétés centrales et agricoles de la France et dans le public, pour des hommes sans valeur, audacieux, mercenaires, dangereux, qu'on signalait ainsi aux rigueurs des autorités.

Et cela était rédigé par le secrétaire de la Société, qui avait reçu en personne, en décembre 1854, les communications de M. Laforgue *à Quarante*; celles du rapport de la Commission biterroise, repoussées déjà *depuis deux ans* ;

Par le secrétaire qui a reçu *le jour même* chacun des cinq cents numéros de l'*Indicateur* que j'ai publiés sur ces matières depuis douze ans ; numéros où les idées neuves que j'émettais étaient introduites, soit dans les bulletins, soit dans les manuels, sans désignation d'origine et comme observations appartenant à autrui ; ce qui m'a obligé à garder le silence sur bien des choses neuves dont l'ignorance a causé des pertes immenses à l'agriculture générale.

On parle de *personnalité* à ceux qui, pendant dix ans, ont fait preuve d'une abnégation que bien des gens, n'en comprenant pas la grandeur, taxent de ridicule et de duperie!

Et cela au moment même où l'on nous attaquait soi-même dans les journaux de la façon la plus inouïe; nous traitant d'hommes sans valeur, empiriques, charlatans, ne sachant pas écrire, ou mercenaires ; quand on nous connaissait fort bien depuis l'association et dans tous les travaux qui l'ont suivie.

Qu'on nous pardonne d'insister sur ces faits, mais nous le devons charitablement pour l'instruction des hommes de science qui ont été ainsi induits en erreur et dont ces excès expliquent la froideur et l'apathie. En voyant ces assertions, ils ont dû nécessairement douter et se tenir sur la réserve, d'autant plus que ce que l'on a osé faire ostensiblement donne une idée de ce qu'ont dû être les renseignements occultes et confidentiels.

Pendant que cette incertitude, nous devrions dire cette ignorance, régnait au chef-lieu où elle sera perpétuelle tant que ce système d'étouffement des hommes qui se distinguent et de la vérité y seront maintenus ; pendant que nous étions ainsi traités dans notre pays, parmi nos compatriotes, pour lesquels nous nous étions ainsi dévoués; il est à propos de montrer comment nous étions accueillis dans des contrées depuis longtemps célèbres par leur intelligence et qui ne nous connaissaient pas.

Dès 1853 et 1854, l'*Indicateur* avait répandu la lumière dans tout l'Ouest et commencé d'établir les principes de la méthode préventive, les agronomes éminents s'en étaient préoccupés ; en 1860, M. Frédéric Lignières, secrétaire de la Société Centrale de la Haute-Garonne, éminent viticulteur, en fit l'expérience sur son propre domaine, au moment même où nous faisions ici l'expérience solennelle et publique sur le domaine des MM. Genson.

Le résultat de Toulouse fut admirable, le secrétaire en fit le rapport très détaillé en séance publique. Ce fut une révélation providentielle dans ce moment d'angoisse et de détresse générale.

Nous ne pouvons nous dispenser d'ajouter ici textuellement ce que cet éminent agriculteur praticien dit dans cette mémorable séance à notre sujet, ne serait-ce que pour faire voir le contraste et pour montrer que si nos enseignements avaient été appliqués en 1856, ils avaient dû être donnés en 1855 et 1854, quoi qu'en aient pu insinuer ceux qui n'ont commencé de soufrer qu'en 1855 d'après nous, et qui n'ont jamais bien soufré jusqu'à ce jour.

Voici ce que disait l'éminent secrétaire (Recueil de la Société de Toulouse, tome VIII, page 99.)

« Je dois une mention toute particulière à un journal très connu et très apprécié des viticulteurs du Sud-ouest, à l'*Indicateur de l'Hérault*. Dans une série d'articles éminemment remarquables, M. A. Vialles, publiciste aussi distingué qu'œnologue expérimenté, a démontré *le premier*, avec la plus grande force de vérité, les avantages incontestables du soufrage préventif sur le soufrage répressif, après une comparaison exacte et impartiale des deux systèmes.

» Cet écrivain a fait une noble action, en rendant justice à qui de droit ; il a loyalement apprécié et vulgarisé la précieuse découverte de l'honorable viticulteur de Quarante, de M. Laforgue ; avec une modestie bien rare de nos jours, le publiciste s'est toujours effacé pour ne parler que de l'inventeur.

» Enfin, M. A. Vialles, dans quelques articles tout récents, vient de mettre en saillie l'extension considérable des divers emplois du soufre trituré en agriculture dans un avenir très rapproché peut-être. Il y a lieu d'espérer, avec cet écrivain, que l'exploitation des gisements de soufre va grandir dans des proportions immenses, et qu'alors les prix pourront être si notablement abaissés, que l'agriculteur pourra facilement recourir à ce nouvel agent comme un stimulant actif et fertilisateur à la fois de la végétation.

» Nous croyons être juste en payant, à notre tour, la part des éloges bien mérités qui lui reviennent, à M. Vialles, que j'appellerai le propagateur infatigable, l'apôtre le plus éclairé des meilleures doctrines pour le traitement de la vigne. Grâces à lui, on sait généralement aujourd'hui dans les départements du Sud-ouest, quel est le meilleur système de soufrage, et, ce qui a aussi une très grande importance, les moyens les plus économiques à employer : les époques du soufrage, la boîte à soufrer et le soufre trituré très fin dont le prix est de beaucoup inférieur au sublimé, quoiqu'il ne lui cède en rien pour l'efficacité des effets curatifs ou préventifs.

» C'est surtout pour les départements de la Haute-Garonne, de Tarn-et-Garonne et de l'Ariége, que les services rendus par M. Vialles ont une plus grande valeur. Nos vignes produisant en général infiniment moins que celles des départements du Gard, de l'Hérault et de l'Aude, nous eussions renoncé à user du soufrage répressif si coûteux et si long, par cette raison toute simple, que le remède à employer aurait coûté autant et quelquefois plus que la récolte à conserver ou à sauver.

» Nous devons donc associer dans l'expression de notre reconnaissance les noms de MM. Laforgue et A. Vialles. »

On voit donc ici clairement que, dès cette époque reculée, nous avions déjà fait connaître les merveilleux effets du soufre pour la végétation et du trituré que, deux ou trois ans plus tard, M. L. Figuier et les Manuels attribuaient sans façon à M. Marès.

A la même époque nous crûmes devoir envoyer nos brochures à M. le Préfet de la Haute-Garonne, et nous en chargeâmes l'éminent ingénieur en chef, M. de Raynal, notre ami et celui de M. Laforgue, ceci soit dit en passant, pour montrer à ceux qui ont lu bien des choses depuis huit ans, que nous ne sommes pas des hommes méprisables et de mauvaise compagnie. Voici la réponse que fit cet éminent préfet à M. de Raynal, elle est encore officielle :

Toulouse, 21 mars 1857.

Monsieur l'Ingénieur en chef,

Vous m'avez fait l'honneur de me communiquer un Mémoire de M. Laforgue sur l'emploi du soufrage contre l'oïdium, avec un rapport de la commission nommée par le sous-préfet de Béziers pour constater les résultats de la méthode de M. Laforgue.

J'ai lu avec un sérieux intérêt ces deux documents qui semblent résoudre d'une manière péremptoire le problème de la *préservation* contre la maladie de la vigne. Ne sachant si la Société d'agriculture de Toulouse a été saisie de ces deux brochures, je crois devoir m'empresser de les lui envoyer, en vous priant d'agréer mes vifs remercîments pour cette intéressante communication.

Agréez, etc.

Le Préfet,

C. WEST.

C'est clair et net, sans indécision et sans retards.

Le résultat fut la nomination de deux commissions solennelles, l'une de membres de la Société centrale d'agriculture, l'autre de savants de la Faculté des Sciences, avec mission de faire des enquêtes dans tous les vignobles du département pour constater les effets des divers traitements des vignes.

Ces deux rapports scientifiques sont le triomphe le plus complet de la méthode préventive ; ils n'ont été publiés ni dans les bulletins de la Société centrale, ni dans la plupart des journaux du département de l'Hérault, le plus fort producteur de vin de l'Empire, où la viticulture est presque toute la ressource de l'agriculture.

C'est un fait ; nous seuls les avons préconisés.

Au même moment, une foule d'hommes de science éminents nous donnaient les plus chaleureux témoignages de triomphe, comme de nombreuses sociétés savantes ; nous n'en parlerons pas, ayant résolu de ne citer que des pièces ayant un caractère officiel. Voici, de ce nombre, une lettre explicite qui nous fut écrite par le secrétaire-rapporteur de la Société centrale, scientifique et agricole des Pyrénées-Orientales, une lettre dans le texte même de laquelle il nous autorise à la rendre publique, ce qui ne laisse pas de doute.

Monsieur,

Votre lettre, que j'ai lue avec attention, m'a appris bien des choses que j'ignorais au sujet du soufrage... La Société scientifique et agricole dont je fais partie, savait bien cependant que l'honneur de l'application du soufre aux vignobles du Midi devait être attribué à M. Laforgue...

Je comprends votre persévérante énergie pour faire triompher le bon droit. Vous avez un courage dont tous ceux qui aiment la justice et la vérité ne peuvent que vous applaudir.

Comme je vous l'ai dit, Monsieur, si dans mon rapport je n'ai pas nommé M. Laforgue dont je partage les idées en fait de soufrage, et dont j'admire la modestie ; si je n'ai pas non plus parlé de vous dont j'apprécie le mérite et le dévoûment, croyez bien, Monsieur, que c'est uniquement parce que je n'ai pas cru mon petit travail assez remarquable pour que vos deux noms pussent y figurer dignement.

Du reste, la méthode du soufrage *préventif* porte ses fruits; celle du soufrage *curatif* porte aussi les siens. C'est aux propriétaires qu'il appartient de décider quelle est la meilleure de ces deux méthodes. Or, l'expérience de tous les jours nous démontre, d'un côté, l'excellence du soufrage préventif et de l'autre, les déceptions qui attendent ceux qui ne veulent soufrer que lorsque la maladie envahit leurs vignobles.

Veuillez recevoir, Monsieur, l'expression de mes sentiments distingués, avec lesquels je suis votre dévoué serviteur.

Stéphane BEDOS.

P. S. Faites de cette lettre l'usage qui vous conviendra.

Cette lettre, nous la publiâmes par devoir humanitaire impérieux ; personne ne l'a reproduite. On était sous le coup de la terreur du triomphe répressif; on aurait cru sans doute se compromettre, en conseillant ce qui devait faire récolter.

Nous qui étions sûrs, comme de notre existence, de la certitude mathématique de nos principes, nous n'avions pas les mêmes scrupules ; notre dévoûment était, au contraire, incessammnnt retrempé par la vivacité et la puissance en apparence redoutables des obstacles qui n'étaient rien pour nous, convaincus du bien immense que nous faisions.

Tout ce que j'ai eu personnellement à subir, d'attaques, d'insultes, de dégoûts, dans cette lutte des trois dernières années, serait à peine croyable si je ne renonçais à revenir sur ce dégoûtant passé. Profitant de ma générosité à mettre toujours en évidence M. Laforgue comme drapeau de mon système, constance qui ne s'est pas démentie un seul instant depuis l'origine ; on en a constamment profité perfidement pour me présenter comme son précon complaisant ou mercenaire.

Ces perfidies, on les commettait sciemment, il faut le dire ; car M. Laforgue dont les sentiments sont aussi loyaux que les miens, n'a cessé de dire depuis l'origine quels étaient mon rôle et mon concours réels dans cette lutte que nous soutenions ensemble pour le bien public.

Pour donner une idée des excès auxquels on s'est porté dans ce genre, nous n'avons qu'à citer un seul paragraphe de l'attaque de M. Marès lui-même dans le *Languedocien*, sous la date du 29 avril 1857 :

Si je n'ai point parlé des méthodes de soufrage dites préventives, dans mon Manuel, c'est que l'expression de *soufrage préventif* est vicieuse, et entraîne avec elle une idée fausse. J'ajouterai encore que cette expression, elle-même, est devenue le point de départ et le moyen d'attaques incessantes dirigées depuis plus d'un an contre MM. Payen, Cazalis, Itier, Figuier, la Société impériale et centrale d'Agriculture, la Société d'Agriculture de l'Hérault; je ne parlerais point de celles qui ont été également dirigées contre moi, si je ne voulais, en entrant en matière, protester *contre toute idée de polémique*, imitant en cela la réserve de toutes les personnes et des autorités que je viens de citer, et qui, en présence *d'attaques basées seulement sur des assertions* que ne justifient *ni les faits ni l'expérience, ont pris le parti de ne point leur répondre.*

et notre réponse à ce paragraphe dans notre réfutation de cette attaque dans le temps et réunie en brochure publiée. Rien ne peut mieux prouver notre calme, notre dignité et notre modération contre des accusations inqualifiables.

Pourquoi faut-il que M. H. Marès s'écarte de ce programme dès le paragraphe suivant ? On verra qne nous sommes violemment accusés d'attaques incessantes contre les hommes les plus éminents et les corps savants, qui ont pris le parti de ne pas répondre à des assertions *que ne justifient ni les faits ni l'expérience.*

Il faut bien que nous commencions par nous laver de cette accusation aussi blessante que dédaigneuse; le lecteur est témoin que ce n'est pas nous qui cherchons la polémique. Nous serons calmes et polis, par conséquent plus forts.

On ne citera pas une ligne de nous qui soit une attaque contre les hommes et les corps savants. Nous avons combattu des doctrines agricoles, jamais les hommes, pour lesquels nous avons toujours montré en même temps la déférence et le respect qui sont dûs à leur savoir et à leur position. Nous ne nous sommes pas départis de cette règle, même à l'égard de M. Marès, auquel nous n'avons jamais opposé que des faits.

Nous avons attaqué les fausses doctrines patronées par les savants, précisément parce que l'autorité de leur nom les rend encore plus dangereuses.

Ce n'est pas par dédain qu'ils n'ont pas répondu à des faits, c'est parce qu'ils ne peuvent répondre victorieusement. Que peuvent-ils répondre, en effet, à ces faits; qu'on les a mal renseignés? Ce ne serait pas répondre, pour des hommes aussi haut placés dans la science.

Tout ce qu'on a commis d'excès de presse en ce genre existe. Nous n'ajouterons qu'un dernier trait inconnu partout ailleurs et dont, dans notre mépris, nous n'avions jamais parlé, même dans la presse hebdomadaire.

A cette époque de *concours*, l'*Indicateur* était systématiquement soustrait, déchiré, sali, pollué de la manière la plus ignoble, dans des cafés, ostensiblement; des numéros approuvés et loués par un grand nombre d'hommes éminents dans tous les genres, qui comptent parmi les illustrations dont la France s'enorgueillit à bon droit. — Ces faits sont, ici, de notoriété publique.

On conçoit que nous renoncions à revenir sur cette triste période de ces dernières années. Il suffit de dire que, grâce à notre persistance calme et modérée, le triomphe de la méthode préventive est devenu chaque jour plus éclatant; qu'elle est aujourd'hui adoptée, *après neuf années d'expérience en grande culture,* par la généralité des propriétaires de nos immenses vignobles méridionaux.

Rien ne peut mieux prouver la décadence subite de l'influence passagère de nos adversaires, que l'inspection des bulletins de la société centrale de l'Hérault. En 1856 et à l'approche du concours, il paraissait des bulletins volumineux tous les deux mois; en 1858 ils ne paraissaient plus que tous les quatre mois, et la plupart sur des sujets étrangers à la viticulture, tant il y avait d'indécision, nous devrions dire de confusion au chef-lieu.

Ainsi, au système répressif mort-né, ou dont l'éphémère apparition a été si funeste dans nos contrées, il ne reste que l'étrange privilége d'obtenir des appuis, des préconisations, des honneurs posthumes, résultat de la déplorable importance que toutes les voix de la presse lui avaient aveuglément donnée.

Cette déplorable erreur, nous l'avons incessamment combattue, comme on l'a vu, aussitôt après l'apparition du Mémoire, un an avant que le concours ne l'eût consacrée; nous avons donc fait tout ce que nous avons pu pour la conjurer.

Aujourd'hui que la méthode préventive est reconnue et adoptée dans toutes nos contrées, notre tâche est donc accomplie. Nous avons conquis le plus puissant des auxiliaires, contre lequel toutes les intrigues et les passions du monde échoueront toujours : l'intérêt.

Quiconque aura pratiqué notre méthode ne l'abandonnera plus, quoi qu'on puisse lui dire. On a bien trop cruellement expié pendant cinq ans les conséquences des crédulités au succès de pratiques que les conseillers n'exécutaient pas eux-mêmes, ce qui aurait dû cependant suffire pour dessiller beaucoup d'yeux.

La méthode préventive est donc indestructible dans le Midi, et elle le sera partout de proche en proche ; car partout où l'on voudra récolter, on saura bientôt que nous avons donné le moyen de vaincre le fléau, quel que soit le degré d'anéantissement des vignes qu'il aura ravagées, quels que soient le cépage, la culture, le terrain et le climat ; partout sera la même, l'influence de notre auxiliaire le plus puissant de tous, redisons-nous : l'intérêt.

Mais si celui-là ne suffisait pas, nous en aurions un autre non moins puissant, en cas de besoin : un ancien collègue. Qu'on nous pardonne cette expression, en apparence téméraire ; en voici l'explication indispensable. Depuis plus de vingt-cinq ans, en effet, nous sommes adepte, disciple, affilié incessamment actif, sans discontinuité, de cette brillante phalange d'économistes libres échangistes, si durement éprouvée et martyrisée pendant cette formidable lutte de trente ans terminée par son immortel triomphe [1].

Le prince Louis-Napoléon Bonaparte était une des brillantes étoiles de cette glorieuse phalange ; porté au trône impérial par une inspiration divine, l'application solennelle qu'il vient de faire en 1860, pour le bonheur de l'univers entier, de ses principes économiques depuis longtemps déjà

[1] Voir la dernière note des conclusions explicatives.

A. V.

fortement médités et discutés, est, selon nous, parmi les beaux titres de gloire qu'il a su conquérir dans tous les genres, celui qui l'illustrera le plus et le fera le plus bénir dans la postérité. Ce titre est, en effet, indiscutable, et les faits se chargeront incessamment d'en faire l'apologie.

Or, le prince Louis-Napoléon, qu'on nous permette encore de prononcer ce nom si simple aujourd'hui, qui nous plaisait tant quand nous sentions un homme de son éminente intelligence, de sa trempe et de sa souche si énergiquement et résolument placé parmi nos chefs de file ; le prince Louis-Napoléon, disons-nous, sait mieux que qui que ce soit, personne n'en doute, que, pour que le commerce et les échanges prospèrent entre les divers Etats, la première condition est la production, et avant tout, celle des produits naturels, des biens de la terre.

Devenu providentiellement Empereur des Français, il veut l'application de ses principes fortement médités ; il veut la prospérité du commerce et le libre échange, sans perturbation, bien entendu ; son programme, admirables étrennes de 1860, et tous ses actes postérieurs non moins admirables qui le corroborent depuis trois mois, ne permettent aucun doute à cet égard.

Par une autre gloire providentielle, c'est sous son règne et en France, qu'a été vaincu l'effrayant fléau qui pendant quinze ans a épouvanté l'agriculture générale ; mais ce fléau dont les allures ont été très longtemps incomprises, bien que sa physiologie ait été parfaitement observée et décrite dès les premières années de son apparition, n'a été définitivement vaincu en grande culture, que par le soufrage à sec et par la méthode préventive. L'expérience de quinze ans a prouvé que, jusqu'à présent, il ne pouvait l'être autrement, avec une certitude mathématique.

Faisant tout au monde pour la prospérité du commerce et des échanges, c'est dire pour la prospérité de l'humanité, l'Empereur sait encore mieux que personne, que la viticulture est une des plus grandes richesses de la France ; industrie d'autant plus précieuse, que notre heureux pays la doit aux spécialités de son climat et de son terrain qui la rendent inimitable, si ce n'est par la fraude; autre fléau hideux que le libre échange est appelé à vaincre aussi et à détruire, ce qui ne sera pas le moindre de ses bienfaits.

Si l'Empereur savait que, par de mauvaises doctrines agricoles, ou par des combinaisons vicieuses quelconques, les récoltes des vins français sont amoindries, et que le fléau qui peut si facilement disparaître du globe et rentrer dans le néant, d'où il est fatalement sorti, est au contraire sciemment perpétué, il ne le tolèrerait certainement jamais. On sait qu'en ceci, ceux qui s'obstinent à ne pas se guérir, empoisonnent leurs voisins.

C'est donc à l'Empereur que nous pouvons avoir recours en cas de besoin, et on peut compter sur sa sollicitude pour conjurer le danger, s'il lui est signalé.

A. Vialles.

NOTE ET CONCLUSIONS EXPLICATIVES.

Puisque la position étrange qui m'est faite depuis dix ans m'oblige à des révélations que, sans cette circonstance, j'aurais toujours cachées, je dois les faire complètes ; la modeste abnégation dont j'ai fait profession toute ma vie pouvant porter ceux qui ne me connaissent pas à douter de mes assertions actuelles.

Depuis près de trente ans, en effet, j'ai été en rapports continuels et suivis avec les Henri Fonfrède, Bastiat, Compan, Galos, Mauguin, L. Leclerc, Arnoux à Toulouse, de Rivière à Nîmes, et un grand nombre d'économistes éminents de Paris et de la province ou de l'étranger, outre mes rapports quotidiens avec bien des sommités intellectuelles du commerce français.

J'ai toujours travaillé avec eux pour la cause économiste, et, sous leur inspiration, dans les organes spéciaux de Paris ou de la province, mais sous le voile de l'anonyme et ignoré selon mon goût.

Ce n'est que dans les quinze dernières années, qu'ayant accepté le rôle périlleux de rédacteur en chef de l'*Indicateur* par dévouement, j'ai toujours signé mes écrits pour assumer loyalement la responsabilité des très grandes et innombrables questions d'intérêt public que j'y ai traitées dans cette laborieuse période.

Pour témoignage de ces hommes éminents qui sont morts, j'ai conservé de leurs lettres comme de précieuses et admirables reliques. Pour ceux qui sont encore en vie, je puis invoquer leur témoignage direct.

Parmi eux j'en désignerai un qui, par sa grande autorité dans la science, où il sera toujours reconnu comme un grand maître, me dispensera d'en citer bien d'autres : Michel Chevalier, qui vient si opportunément de rehausser l'illustration du Sénat par l'éclat universel de ses talents, de ses admirables travaux et par l'autorité de son nom.

Je le nomme simplement, comme autrefois, parce qu'il est déjà, par son passé, de cette classe d'hommes d'élite dont le nom, par leurs travaux, leurs actes ou leur génie, a le rare privilége de ne comporter aucune qualification, comme Cuvier, Monge, Newton, Laplace, Fulton, Watt, Pitt, Peel, Corneille, Rubens, Raphaël, Michel-Ange, quel que soit le rang modeste ou éminent qu'ils ont occupé de leur vivant dans la société.

Michel Chevalier connaît parfaitement ma passion et mon dévouement actif pour la cause économiste, quand les huit cents numéros de l'*Indicateur*, dont les collections existent et que j'ai rédigés presque seul depuis quinze ans, outre mes travaux immenses dans d'autres divers organes et dans des brochures, n'en seraient pas déjà un témoignage incontestable.

Il le connaît si bien que j'ai fait précisément des travaux importants pour lui, notamment un projet sur la réforme et le remaniement de l'impôt des boissons, dont l'exposé des motifs, très étendu et explicite, était terminé par un projet de loi formulé.

C'était en 1850, lors de la terrible crise commerciale ; il m'avait fait demander ce travail par un de ses amis, autre adepte économiste. A la réception de ma brochure, il eut la bonté de m'écrire qu'après l'avoir lue attentivement trois fois, mon projet l'avait *tellement séduit* que, si je faisais signer une pétition par une centaine de propriétaires marquants pour l'appuyer, il se chargeait de le patroner lui-même avec ardeur, qu'il espérait le faire adopter et agréer par les pouvoirs.

Je venais alors de subir, pour l'association, tous les dégoûts qu'on a vus dans cet opuscule. Je lui répondis en les lui expliquant, qu'après ces terribles tortures, j'étais résolu à ne plus m'exposer à de pareils dégoûts ; que c'était bien assez de prendre tant de peine pour montrer ce qu'il y avait à faire dans l'intérêt public.

La chose en resta là. Michel Chevalier avait bien d'autres travaux ; en grand économiste, il ne jugea pas prudent, comme moi, d'entreprendre une tentative inutile. — Ainsi avorta un projet qui, depuis dix ans, aurait certainement produit un bien immense et dont les chances de succès étaient très grandes, puisque, outre la satisfaction qu'il donnait aux intérêts viticoles en souffrance, il assurait un accroissement considérable de recettes au trésor.

Ces travaux importants avant 1850, ces rapports intimes avec tant d'hommes éminents, dans mes goûts de retraite et d'obscurité, je les avais cachés à la plupart de mes amis, même à mes plus proches parents. Cette abnégation, si peu ordinaire, aurait dû me valoir au moins de la bienveillance; elle m'a valu, au contraire, les attaques passionnées, suffisantes, grossières de bien des gens qui, ne me connaissant pas, se croyaient tout permis dans leur ignorance souvent pitoyable. Obligé à ces révélations aujourd'hui pour justifier mes assertions, ils jugeront quel sentiment devaient produire sur moi ces excès que j'ai dû subir pendant dix ans avec un calme et une résignation stoïques, pour arriver plus vite et plus sûrement au grand but bienfaisant que nous voulions atteindre.

On serait dans une grande erreur si, dans ces révélations, on ne voyait qu'une question d'intérêt individuel; ce serait dans des questions aussi grandes, d'une petitesse et d'un ridicule dont je suis incapable. Ces détails, dont je n'aurais jamais parlé, pas plus que je ne l'ai fait pendant trente ans, sont, en fait, un très grand enseignement d'intérêt général.

Les derniers prouvent combien sont funestes les travers d'apathie, d'égoïsme, et tous les vices sociaux qui dominent dans le Midi, puisqu'ils ont été la première cause que Michel Chevalier ne prît pas en main, dès 1850, les intérêts du Midi; ce qui, une fois lancé dans cette grande voie, l'aurait sans doute conduit à devancer et peut-être dépasser Peel.

Dans tous les documents que renferme ce recueil, scrupuleusement véridiques et appuyés sur des pièces ayant un caractère officiel, on verra à quels lamentables excès peut conduire l'esprit de domination et d'ambition individuelle, de rivalité de clocher, de coterie; quelles injustices, quelles pertes immenses pour la société en sont les affreuses conséquences. Ces pertes sociales, désastreuses, M. Cazalis-Allut, président actuel de la Société Centrale, les a formulées d'un seul coup, sans s'en douter, par son cri consciencieux, en pleine séance, que nous avons cité deux fois.

Si, en effet, en 1853 la méthode préventive eût été accueillie et prônée, comme cela devait être, depuis huit ans les propriétaires de deux cent mille hectares de vignes de nos contrées auraient quadruplé leur fortune, comme M. Laforgue dans cette période, sur son vignoble composé de *soixante-dix* hectares seulement !...

Cette seule indication donnera une idée des nombreux *milliards* qu'a fait perdre à la viticulture générale l'étouffement, la persécution et la négation obstinée de ce bienfait providentiel devenu incontestable par la double preuve, pendant neuf années consécutives, des fortunes accumulées de ceux qui l'ont pratiqué et des pertes immenses de ceux qui l'ont nié ou dédaigné.

J'ajouterai, en terminant, qu'on serait encore dans une grande erreur, si l'on pensait que la démonstration de ces excès est faite uniquement dans l'intérêt de M. Laforgue et du nôtre. Beaucoup d'autres hommes d'élite de nos contrées méridionales ont à se plaindre d'injustices et d'excès aussi déplorables que ce que j'ai signalé, et que j'ai tu pour ne pas me départir de la modération que je me suis imposée depuis dix ans. Ils me portent tous leurs justes doléances, et c'est principalement pour eux que je me suis décidé à sortir ainsi de mes habitudes.

Dans cette question, de très grand intérêt public à mes yeux, il n'y a rien de personnel, rien de passionné, et, je dois le dire très explicitement, pour la dernière fois, rien d'hostile contre qui que ce soit.

Depuis dix ans j'ai déclaré publiquement à satiété que personne n'est plus que moi plein de respect et d'admiration pour les savants et les hommes généreux qui, soit individuellement, soit en corps, ont consacré leurs travaux aux progrès des sciences.

Personne n'approuve plus et n'envie moins que moi les récompenses et les distinctions accordées à ces hommes généreux pour leurs travaux. Mon opinion intime est, au contraire, que ces faveurs publiques sont en général très insuffisantes, et bien loin d'être proportionnées à l'immensité des services qu'ils rendent à l'humanité ; services facilement appréciables, et qui étant toujours appréciés par la conscience universelle, deviennent en quelque sorte une honte publique, quand ils n'ont pas reçu les récompenses qui leur sont dues, proportionnés à leur importance.

Si l'on étudie avec réflexion l'histoire des progrès des sciences, de l'industrie et des arts, on est douloureusement attristé en voyant le rang qu'ont occupé dans la société les hommes de génie qui, comme Watt, Fulton, Jacquard, et cent autres, ont, par leurs immortels travaux, changé la face du monde, ou doté l'humanité de bénéfices immenses et éternels par *milliards* de francs. La plupart de ces hommes immortels, bienfaiteurs de l'humanité, ont passé leur vie de martyr accablés d'injustices, de dégoûts; minés par le besoin qui paralysait leurs recherches et leur génie; beaucoup sont morts dans la misère et l'obscurité, tandis que, de leur temps, étaient gorgés d'honneurs et de richesses incroyables des hommes nuls, qui n'ont pas même laissé un nom, occupant des emplois auxquels auraient pu suffire des hommes de l'intelligence la plus vulgaire.

Loin de blâmer et d'envier les honneurs et les récompenses accordées aux hommes utiles, je trouverais toujours qu'on ne leur en accorde pas assez; l'excès de libéralités en ce genre serait même le plus grand des biens pour l'humanité. L'espoir stimûlerait les chercheurs, tandis que l'exemple des tortures et des infortunes de leurs prédécesseurs les dégoûte. Avec ce système, chacun ne cherche à travailler que pour soi.

Tels sont les principes généraux et les sentiments qui ont présidé à la publication de cet opuscule. Je dois même en donner une explication aussi nettement catégorique qu'il sera possible, pour ceux qui, m'ayant vu fortement blâmer les dernières distinctions accordées à M. Marès, y trouveraient une contradiction.

Qu'on lui accorde des faveurs pour son zèle, sa science, ses talents ou pour tout autre chose, j'applaudirais.

Mais si on les donne spécialement pour sa méthode, pour ses recherches dans le but de guérir la maladie de la vigne, en conscience je dois protester, par la raison que je suis sûr que sa méthode et son système sont mauvais, dangereux et font perdre les récoltes;

Par la raison que ces grandes faveurs officielles sont une recommandation de ces fausses doctrines et doivent faire d'autant plus de victimes, que la méthode préventive, bien qu'adoptée par la très grande majorité des viticulteurs du Midi, bien que louée dans tout l'Ouest et à l'étranger, bien que reconnue, en fait, comme la meilleure par les sociétés impériales, par une anomalie incroyable, n'est pas officiellement et nominativement reconnue, ni même discutée, bien qu'on en proclame et adopte les principes.

Les hésitants doivent donc la tenir pour suspecte, doivent se jeter sur les mauvaises doctrines et être victimes.

Voilà ce qu'en conscience je ne puis tolérer, surtout après avoir lutté, pendant sept ans, pour mes principes adoptés aujourd'hui à la sourdine.

Je dois prendre encore une dernière précaution contre les insinuations passionnées ou perfides de la mauvaise foi dont j'ai eu si cruellement à souffrir pendant cette lutte de huit ans.

De tous les faits scrupuleusement véridiques que j'ai signalés, on pourrait inférer que j'ai voulu jeter de la défaveur sur la Société centrale de l'Hérault. Une pareille insinuation, contre laquelle je proteste, serait au contraire diamétralement opposée à mes sentiments intimes pour cette Société, composée d'hommes éminents dans tous les genres : comme science, connaissances théoriques et pratiques, dévouement et positions sociales. Cette Société serait incontestablement une des plus remarquables de la France, n'était l'exagération excessive, que j'ai signalée, de la centralisation intellectuelle qui a fait tout le mal; exagération que beaucoup de ses membres déplorent, au reste, comme moi, et parmi eux, des plus éminents; *j'en suis sûr.*

Je crains bien aussi que M. Marès lui-même n'ait trop cédé à ce fatal travers local, et ne s'y soit trop laissé entraîner avec une obstination que je déplore moi-même, car nul plus que moi n'a loué ses travaux et son mérite, lorsque, de 1854 à 1856, il luttait dans la Société centrale en faveur de l'efficacité curative du soufre, presque généralement niée au chef-lieu.

Ce que j'ai dit prouve le bien immense qu'il aurait fait, si, en 1853, à la première indication, il eût accouru à *Quarante* et eût dévoilé à la Société, par conséquent au monde agricole, la grande nouvelle. On y verra aussi les pertes effrayantes et incalculables que sa non divulgation et les oppositions qu'elle a subies pendant sept ans ont fait éprouver à la viticulture et à l'humanité.

J'ai déjà dit, et je dois le répéter en terminant, que les doléances continuelles de beaucoup de nos compatriotes, étrangers même à notre arrondissement, m'avaient imposé le devoir de rompre avec mes habitudes de modération, d'abnégation et de modestie, notoires par les preuves irréfragables que j'en ai données depuis 25 ans.

Les griefs de ces victimes seraient accablants; je les ai tus par modération, me bornant à exposer les nôtres, bien qu'à regret, vu leur gravité. Sentant ce qu'ils ont de pénible, j'aurais voulu les adoucir, encore plus que je ne l'ai fait, mais il est une limite qu'il m'était interdit de dépasser. Toute restreinte qu'elle fut, j'ai dû laisser à la vérité assez de force incisive et concluante, pour bien faire ressortir la cause des injustices, des passe-droits de toute nature dont se plaignent et gémissent sans cesse depuis longtemps, une foule de nos compatriotes, parmi lesquels des plus éminents qui m'en sauront gré, j'en suis sûr ;

La cause réelle du dédain incroyable pendant cinq ans du rapport officiel de la commission Bitterroise ; commission composée d'hommes qui comptent parmi les plus remarquables de notre arrondissement, comme instruction, science spéciale, honorabilité et position sociale ; occupant même tous des titres officiels dans divers corps d'administration publique ;

La cause enfin par laquelle, sans moi, l'admirable conduite de M. Laforgue n'aurait été peut-être jamais connue et menaçait d'être pour toujours ensevelie dans l'oubli ; par laquelle, tout ce que j'ai fait moi-même depuis trente ans pour le bien public aurait certainement subi le même sort ; car la continuation de la lutte contre l'organisation d'un pareil système est au-dessus des forces humaines.

On conviendra, toutefois, que la longue constance de ce dévouement au bien public, de ces sacrifices de toute une vie, moraux et matériels, avec une abnégation, un désintéressement radicalement absolus, méritaient bien d'être connus ; ne serait-ce que pour l'exemple. Quant à moi, je n'en connais encore de pareil nulle part, pas même à Montpellier.

Il a fallu pourtant se faire violence, poussé à bout, pour

le faire connaître et pour nous soustraire aux oubliettes systématiquement calculées.

Tout ce que j'ai dit est, je le répète pour la dernière fois, scrupuleusement véridique et exempt de passion. Je suis prêt à rectifier, au reste, publiquement, les inexactitudes qui pourraient m'être signalées, et à donner l'explication de ce qui pourrait être mal interprété.

A. VIALLES.

FIN.

TABLE DES MATIÈRES.

Toulouse. — Typ. de Bonnal et Gibrac.

www.ingramcontent.com/pod-product-compliance
Ingram Content Group UK Ltd.
Pitfield, Milton Keynes, MK11 3LW, UK
UKHW020558180726
13838UKWH00001B/323